剪映短视频剪辑教程自学一本通（电脑版+手机版）

海川◎编著

化学工业出版社
·北京·

内容简介

本书主要介绍运用剪映手机版和电脑版，帮您更快、更好地制作出理想的专业视频效果。

书中通过12章内容，详细讲解了剪映的剪辑、调色、转场、字幕、蒙版、关键帧、抠图、特效、音频和卡点等功能应用，并结合爆款视频案例制作流程的解析，帮助读者从剪辑小白快速成为短视频剪辑高手。此外，随书赠送所有案例的教学视频（总计226分钟，随书扫码看）、200 组案例素材和效果文件、30种常用运镜教学技巧、剪映AI功能的电子教程，以及110页的PPT教学文件。

本书适合想学习使用剪映制作短视频的爱好者，以及想要在视频号、小红书、抖音、快手等各大平台成为短视频创作者的运营人员，或者想要进入自媒体行业的人员。同时，本书也可以作为视频剪辑相关专业的教材使用。

图书在版编目（CIP）数据

剪映短视频剪辑教程自学一本通 ： 电脑版+手机版 / 海川编著. -- 北京 ： 化学工业出版社， 2024.10.
ISBN 978-7-122-19264-6

Ⅰ. TP317.53

中国国家版本馆CIP数据核字第2024H3R589号

责任编辑：王婷婷　李　辰　　封面设计：异一设计
责任校对：刘　一　　装帧设计：盟诺文化

出版发行：化学工业出版社（北京市东城区青年湖南街13号　邮政编码100011）
印　　装：天津裕同印刷有限公司
710mm × 1000mm　1/16　印张16　字数332千字　2025年1月北京第1版第1次印刷

购书咨询：010-64518888　　售后服务：010-64518899
网　　址：http://www.cip.com.cn
凡购买本书，如有缺损质量问题，本社销售中心负责调换。

定　　价：99.00元

前　言

随着互联网的快速发展，我们走进了个人自媒体时代，自媒体和IP的潜力巨大，从它的产生、发展到火爆，仅仅只用了几年的时间。在小红书、抖音及快手等各大平台涌现了许多短视频创作者，他们通过发布精美亮眼、独具特色的短视频获得了巨大流量，甚至实现流量变现。而剪映作为一款简单易上手、功能强大的视频剪辑软件，可以帮助用户制作出精致、让人眼前一亮的短视频。

本书主要分为手机版和电脑版两大专题，通过12章内容和案例，展示了短视频剪辑和制作的全流程，从认识剪映到学习剪映的各种操作，全面讲解了剪映的各种功能和操作秘诀。本书具体内容如下：

（一）手机版：

（1）第1章　入门剪辑技巧。本章通过7个案例，帮助读者认识剪映App界面，掌握剪辑的基础操作和特色操作，初步入门剪辑技巧。

（2）第2章　速成调色大师。本章一共7个案例，介绍了如何制作经典的调色视频和如何提升画面颜色质感，帮助读者成为调色大师。

（3）第3章　设置花样转场。本章通过4个案例，展示了多种转场效果，介绍了制作特效转场和动态转场视频的操作方法，帮助读者掌握转场秘诀。

（4）第4章　高能玩转字幕。本章一共11个案例，讲解了添加文字效果、添加花字和贴纸，以及制作精彩文字特效的操作方法，帮助读者高能玩转字幕。

（5）第5章　灵活使用蒙版、关键帧。本章通过7个案例，介绍了灵活使用“蒙版”“关键帧”功能和“抠图”功能的操作技巧，帮助读者灵活使用这些特色功能制作出精彩的短视频。

（6）第6章　巧妙添加特效。本章一共5个案例，向读者展示了添加特效和制作特效的操作方法，帮助读者在视频中巧妙添加特效。

（7）第7章　专业修炼音频。本章通过8个案例，讲解了在视频中添加音频素材、加入常见音效和制作音频效果的操作技巧，帮助读者成为音频大师。

（8）第8章　挑战卡点视频。本章一共4个案例，包括制作基础卡点和制作花样卡点视频两大部分，帮助读者在视频中使用卡点音频，制作具有特色的卡点视频。

（9）第9章　综合实战：《万家灯火》。本章只有1个综合案例，通过这个案例让读者对前面的内容进行巩固和实战运用，帮助读者熟练掌握剪映App的各种功能和操作技巧，成为视频剪辑高手。

（二）电脑版：

（10）第10章　剪辑师速成：快速入门剪映电脑版。本章主要介绍剪映电脑版的基本操作方法和剪辑功能，帮助大家快速入门。

（11）第11章　影视特效师向导：制作酷炫特效画面。本章通过介绍制作召唤闪电、偷走影子以及控制雨水等基础特效和影视同款特效，帮助读者学习制作各种炫酷的视频特效，打造精彩的爆款短视频。

（12）第12章　相册大咖秘籍：把照片变成动态视频。本章讲解了光影交错视频、照片投影视频以及缩放相框视频等基础相册制作要点和高级相册制作大全，帮助读者提高创作能力。

特别提醒：本书在编写时，是基于当前软件截的实际操作图片，但书从编辑到出版需要一段时间，在这段时间里，软件界面与功能会有调整与变化，比如删除了某些功能，或者增加了一些新功能等，这些都是软件开发商做的软件更新。若图书出版后相关软件有更新，请以更新后的实际情况为准，根据书中的提示，举一反三进行操作即可。

编著者

目 录

【手机版】

【手机版】

第1章 入门剪辑技巧

作为一名新手小白，如何快速上手剪映这款 App 呢？学完本章内容之后，你就会得到答案。本章作为剪辑入门篇，涉及的操作都是剪辑的入门技巧和基础知识，可以让大家快速掌握剪辑入门技巧。

1.1 掌握剪映的基础操作

剪映App是抖音推出的一款视频剪辑软件，随着潮流的更迭，剪映App在不断地更新与完善，功能也越来越强大，支持复制、替换、更改比例、更改背景、美颜美体及定格等专业的剪辑功能，还有丰富的曲库、特效、转场及视频素材等资源。本章将从认识剪映界面开始介绍剪映App的相关功能与用法。

1.1.1 认识界面

扫码看教学视频

在手机屏幕上点击“剪映”图标，如图1-1所示。执行操作后，即可打开剪映App，进入“剪辑”界面，点击“开始创作”按钮，如图1-2所示。

图 1-1 点击“剪映”图标

图 1-2 点击“开始创作”按钮

进入“照片视频”界面，❶在“视频”选项卡中选择相应的视频素材；❷选中“高清”复选框；❸点击“添加”按钮，如图1-3所示，即可成功导入相应的视频素材。进入编辑界面，可以看到其界面组成，如图1-4所示。

预览区域左下角的时间，表示当前时长和视频的总时长。点击预览区域的全屏按钮，如图1-5所示，即可全屏预览视频效果，如图1-6所示。点击▷按钮，即可播放视频。点击按钮，即可回到编辑界面中。

图 1-3 点击“添加”按钮

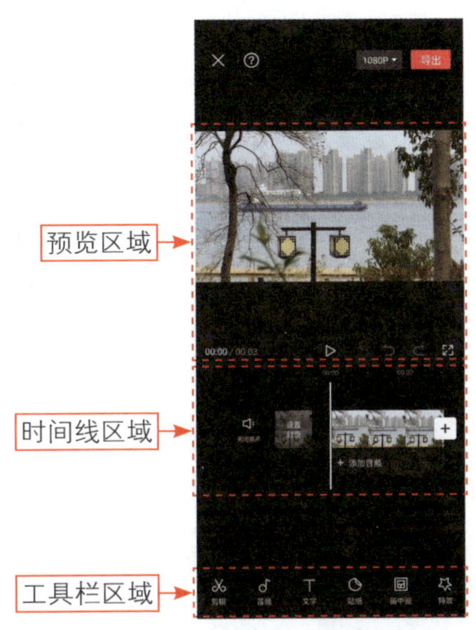

图 1-4 编辑界面的组成

图 1-5 点击全屏按钮

图 1-6 全屏预览视频

1.1.2 复制和替换素材

扫码看教学视频

扫码看案例效果

【效果展示】：在剪映App中可以复制素材，也可以替换素材，用户可以根据需要进行素材的复制与替换，如图1-7所示。

图 1-7 效果展示

下面介绍在剪映App中复制和替换素材的具体操作方法。

步骤 01 在剪映App中导入一段视频素材，❶选择视频素材；❷点击“复制”按钮，如图1-8所示，即可复制素材。

步骤 02 选择第1段素材，向左拖曳第1段素材右侧的白色拉杆，将其时长调整为1.2s，如图1-9所示。

图 1-8 点击“复制”按钮

图 1-9 调整时长为 1.2s

步骤 03 调整时长后，点击“替换”按钮，如图1-10所示。

步骤 04 进入“照片视频”界面，在“视频”选项卡中选择相应的视频素材，如图1-11所示。

图 1-10 点击“替换”按钮

图 1-11 选择相应的视频素材

步骤05 预览画面效果之后，点击“确认”按钮，如图1-12所示。

步骤06 最后点击“导出”按钮，如图1-13所示，导出视频。

图 1-12 点击“确认”按钮

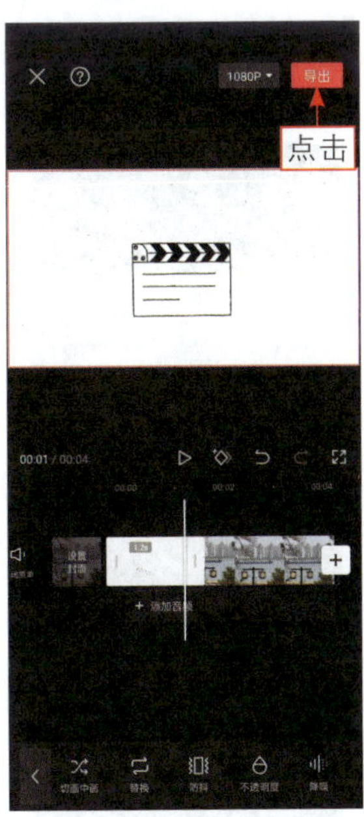

图 1-13 点击“导出”按钮

1.1.3 更改比例、背景

扫码看教学视频

扫码看案例效果

【效果展示】：在剪映App中可以把横版视频变成竖版视频，还可以为视频设置画面背景，如图1-14所示。

图 1-14 效果展示

下面介绍在剪映App中更改画面比例和背景的具体操作方法。

步骤 01 在剪映App中导入一段视频素材，点击“比例”按钮，如图1-15所示。

步骤 02 在“比例”面板中选择9：16选项，如图1-16所示，更改画面比例。

图 1-15 点击“比例”按钮

图 1-16 选择 9：16 选项

步骤 03 回到上一级工具栏，点击“背景”按钮，在弹出的工具栏中点击“画布模糊”按钮，如图1-17所示。

步骤 04 在“画布模糊”面板中选择第1个样式，如图1-18所示，设置画面背景。

图 1-17 点击“画布模糊”按钮

图 1-18 选择第 1 个样式

1.1.4 美颜美体

扫码看教学视频

扫码看案例效果

【效果展示】：在剪映App中通过“美颜美体”功能，可以让人像视频中人物的身材更加完美，塑造理想的人物形象，如图1-19所示。

图 1-19 效果展示

下面介绍在剪映App中进行美颜美体的具体操作方法。

步骤 01 在剪映App中导入素材，❶选择素材；❷拖曳时间线至视频第2s的位置；❸点击“分割”按钮，如图1-20所示，分割素材。

步骤 02 点击“美颜美体”按钮，如图1-21所示。

图 1-20 点击“分割”按钮

图 1-21 点击“美颜美体”按钮

步骤 03 在弹出的工具栏中点击“美颜”按钮，如图1-22所示。

步骤 04 ❶选择“磨皮”选项；❷设置参数值为 20，如图 1-23 所示，进行磨皮。

图 1-22 点击“美颜”按钮

图 1-23 设置参数值为 20

步骤 05 设置“美白”参数为30，如图1-24所示，让皮肤变白一些。

步骤 06 回到上一级工具栏，点击“美体”按钮，如图1-25所示。

图 1-24　设置“美白”参数

图 1-25　点击“美体”按钮

步骤 07 在“智能美体”选项卡中设置“瘦身”参数为90，如图1-26所示，让身材变苗条。

步骤 08 设置“长腿”参数为10，如图1-27所示，拉长人物的腿部。

图 1-26　设置“瘦身”参数

图 1-27　设置“长腿”参数

步骤 09 设置“瘦腰”参数为20，如图1-28所示，缩小腰围。

步骤 10 设置“小头”参数为20，如图1-29所示，优化头身比。

图 1-28　设置“瘦腰”参数

图 1-29　设置“小头”参数

步骤 11 返回主界面，在视频起始位置点击“特效”按钮，如图1-30所示。

步骤 12 点击“画面特效”按钮，进入特效素材库，❶切换至“基础”选项卡；❷选择“变清晰”特效，如图1-31所示。

步骤 13 调整特效的时长，如图 1-32 所示，使其与第 1 段素材的时长一致。

图 1-30　点击“特效”按钮

图 1-31　选择“变清晰”特效

图 1-32　调整特效的时长

1.1.5 倒放功能

扫码看教学视频

扫码看案例效果

【效果展示】：使用“倒放”功能可以倒转视频的播放顺序，比如让前进的车流转变为退后的车流，实现倒转的效果，如图1-33所示。

图 1-33 效果展示

下面介绍在剪映App中进行视频倒放的具体操作方法。

步骤 01 在剪映App中导入一段视频素材，选择视频素材后，点击“音频分离”按钮，如图1-34所示，把音乐提取出来。

步骤 02 选择视频素材，点击“倒放”按钮，如图1-35所示，即可完成视频倒放。

图 1-34 点击“音频分离”按钮

图 1-35 点击“倒放”按钮

1.1.6 定格功能

扫码看教学视频

扫码看案例效果

【效果展示】：通过“定格”功能定格视频画面，后期再添加“拍照声”音效和边框特效，就能制作出拍照定格的画面效果，如图1-36所示。

图 1-36 效果展示

下面介绍在剪映App中定格视频画面的具体操作方法。

步骤 01 在剪映App中导入素材，❶选择素材；❷点击“音频分离”按钮，如图1-37所示，把音乐提取出来。

步骤 02 选择视频素材，在视频第5s左右的位置点击“定格”按钮，如图1-38所示，则可以得到定格画面。

图 1-37 点击“音频分离”按钮

图 1-38 点击“定格”按钮

步骤 03 ❶选择最后一段素材；❷点击“删除”按钮，如图1-39所示，删除视频并调整音乐时长，使其与视频时长一致。

步骤 04 返回主界面，在视频第5s左右的位置点击“特效”按钮，如图1-40所示，点击“画面特效”按钮，进入特效素材库。

图 1-39 点击“删除”按钮

图 1-40 点击“特效”按钮

步骤 05 在“边框”选项卡中，选择“手绘拍摄器”特效，如图1-41所示。

步骤 06 返回主界面，点击“音频”按钮，如图1-42所示。

图 1-41 选择“手绘拍摄器”特效

图 1-42 点击“音频”按钮

步骤07 在音频工具栏中点击“音效”按钮，如图1-43所示。

步骤08 ❶搜索“拍照声”音效；❷点击所选音效右侧的“使用”按钮，如图1-44所示，即可添加所选音效，最后点击“导出”按钮导出视频。

图 1-43 点击“音效”按钮

图 1-44 点击“使用”按钮

1.2 掌握剪映的特色操作

在掌握了剪映App的基础操作后，用户可以运用剪映App中的特色功能对视频进行进一步处理，制作出与众不同的视频效果。本节主要介绍使用“抖音玩法”功能和“一键成片”功能制作特色视频的操作方法。

1.2.1 百变玩法

扫码看教学视频

扫码看案例效果

【效果展示】：利用剪映App中的“抖音玩法”功能能够让视频画面更加有趣，还能把现实中的人物变成漫画人物，变换人物形象，如图1-45所示。

图 1-45 效果展示

下面介绍在剪映App中进行百变玩法变身的具体操作方法。

步骤 01 在剪映App中导入一张图片素材，❶选择素材；❷点击“复制”按钮，如图1-46所示，复制素材。

步骤 02 在工具栏中点击“抖音玩法”按钮，如图1-47所示。

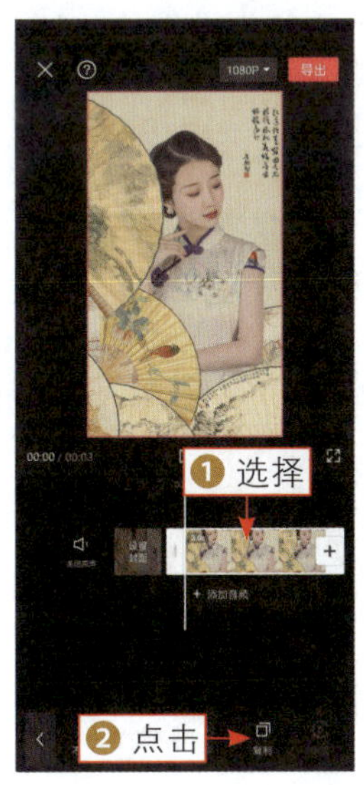

图 1-46 点击“复制”按钮

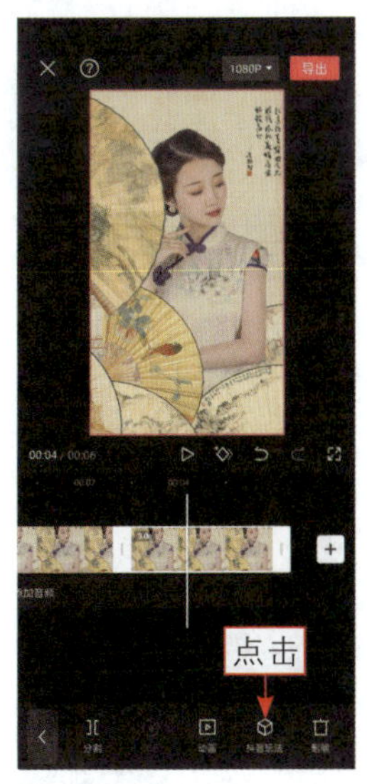

图 1-47 点击“抖音玩法”按钮

步骤 03 在弹出的“抖音玩法”面板中，❶切换至“人像风格”选项卡；❷选择“复古”选项，如图1-48所示，即可完成变身。

步骤 04 返回主界面，❶拖曳时间线至视频起始位置；❷依次点击“特效”

按钮和“画面特效”按钮，如图1-49所示。

图 1-48 选择“复古”选项

图 1-49 点击“画面特效”按钮

步骤 05 进入特效素材库，在“基础”选项卡中选择“变清晰”特效，调整特效的时长，使其与第1段视频的时长保持一致，如图1-50所示。

步骤 06 用与上面相同的方法，为第2段素材添加“氛围”选项卡中的“梦蝶”特效，如图1-51所示，最后添加合适的背景音乐即可。

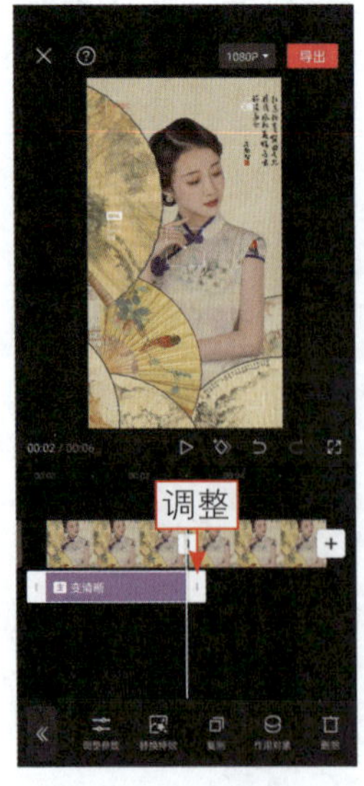

图 1-50 调整特效时长

图 1-51 添加“梦蝶”特效

1.2.2 一键成片

扫码看教学视频

扫码看案例效果

【效果展示】：在剪映App首页中有“一键成片”功能，运用这个功能可以快速制作出一个成品视频，而且模板风格多样，选择多多，如图1-52所示。

图 1-52 效果展示

下面介绍在剪映App中运用“一键成片”功能制作视频的具体操作方法。

步骤 01 在剪映App首页点击“一键成片”按钮，如图1-53所示。

步骤 02 在“照片视频”界面的“照片”选项卡中，❶选择4张照片；❷点击“下一步”按钮，如图1-54所示。

图 1-53 点击“一键成片”按钮

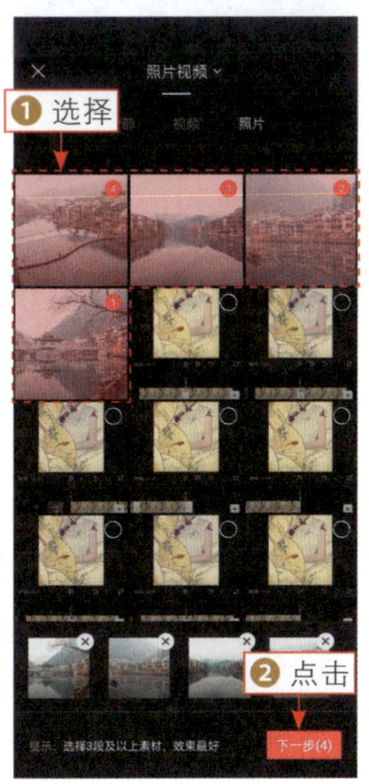

图 1-54 点击“下一步”按钮

步骤03 进入相应的界面，❶选择模板；❷点击“导出”按钮，如图1-55所示。

步骤04 在弹出的“导出设置”面板中，点击“无水印保存并分享”按钮，如图1-56所示，导出无水印视频。

图 1-55　点击“导出”按钮

图 1-56　点击“无水印保存并分享”按钮

第2章 速成调色大师

由于在拍摄和采集素材的过程中，经常会遇到一些很难控制的环境光照，使拍摄出来的素材色感欠缺、层次不明。因此，本章将详细介绍短视频的调色技巧，帮助大家提升短视频的调色技术，使制作的短视频画面更加精彩夺目。

2.1 掌握经典调色

在剪映App中，用户可以对拍摄效果不够好的视频进行调色处理，以获得满意的视频效果；还可以通过调色将视频调成另一种色调效果。本节介绍在剪映App中进行植物调色、夜景调色、街景调色、建筑调色及美食调色的操作方法。

2.1.1 植物调色

扫码看教学视频

扫码看案例效果

【效果展示】：当拍出来的植物风光视频光线效果不好时，可以用这个植物调色法，让视频画质更加清晰，色彩也更加明艳唯美。原图与效果图对比如图2-1所示。

图 2-1 原图与效果图对比

下面介绍在剪映App中对植物进行调色的操作方法。

步骤 01 在剪映App中导入一段视频素材，点击“滤镜”按钮，如图2-2所示。

步骤 02 进入“滤镜”选项卡，❶在“风景”选项区中选择“风铃”滤镜；❷点击✓按钮，如图2-3所示，即可完成添加滤镜操作。

图 2-2　点击“滤镜”按钮

图 2-3　点击相应的按钮（1）

步骤 03 点击«按钮返回上一级工具栏，如图2-4所示。

步骤 04 点击“新增调节”按钮，如图2-5所示。

图 2-4　点击相应的按钮（2）

图 2-5　点击“新增调节”按钮

步骤 05 进入“调节”选项卡，❶选择“亮度”选项；❷拖曳滑块，将其参数值设置为5，如图2-6所示，提高画面的亮度。

步骤 06 ❶选择“对比度”选项；❷拖曳滑块，将其参数值设置为10，如图2-7所示，提高画面的明暗对比度。

图 2-6　设置“亮度”参数

图 2-7　设置“对比度”参数

步骤 07 ❶选择“饱和度”选项；❷拖曳滑块，将其参数值设置为5，如图2-8所示，增加画面色彩饱和度。

步骤 08 ❶选择“光感”选项；❷拖曳滑块，将其参数值设置为5，如图2-9所示，提高画面明亮度。

图 2-8　设置“饱和度”参数

图 2-9　设置“光感”参数

步骤 09 ❶选择“锐化”选项；❷拖曳滑块，将其参数值设置为10，如

图2-10所示，提高画面的清晰度。

步骤 10 ❶选择“色温”选项；❷拖曳滑块，将其参数值设置为-10，如图2-11所示，让画面偏冷。

图 2-10 设置“锐化”参数

图 2-11 设置“色温”参数

步骤 11 ❶选择“色调”选项；❷拖曳滑块，将参数值设置为5，使画面色彩更加明艳；❸点击✓按钮，如图2-12所示，即可完成调色。

步骤 12 最后点击“导出”按钮，如图2-13所示，即可导出视频。

图 2-12 点击相应的按钮（3）

图 2-13 点击“导出”按钮

2.1.2 夜景调色

扫码看教学视频

扫码看案例效果

【效果展示】：因为灯光和环境暗度等因素，橙蓝反差的效果适用于夜景色调，这种色调能让视频的质感与色彩的档次瞬间提升。原图与效果图对比如图2-14所示。

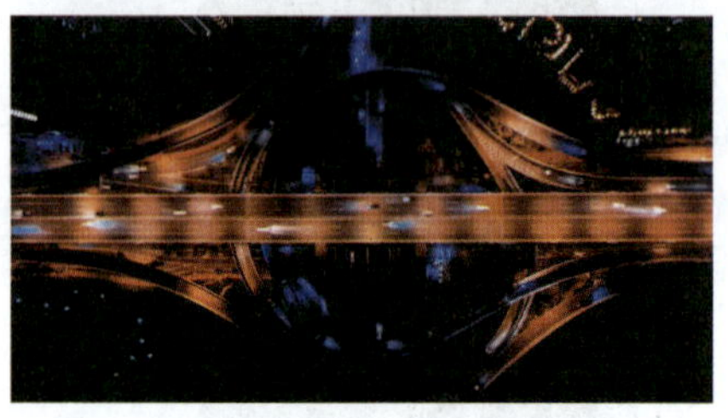

图 2-14 原图与效果图对比

下面介绍在剪映App中进行夜景调色的操作方法。

步骤 01 在剪映App中导入一段视频素材，点击“滤镜”按钮，如图2-15所示。

步骤 02 进入“滤镜”选项卡，❶在“夜景”选项区中选择“橙蓝”滤镜；❷设置参数值为70，如图2-16所示，减轻滤镜的作用效果。

图 2-15 点击“滤镜”按钮

图 2-16 设置滤镜强度（1）

步骤 03 点击■按钮返回上一级工具栏，点击“新增滤镜”按钮，如图2-17所示，再次进入“滤镜”选项卡。

步骤 04 ❶在“复古胶片”选项区中选择“普林斯顿”滤镜；❷设置强度为70，如图2-18所示，减轻滤镜的作用效果。

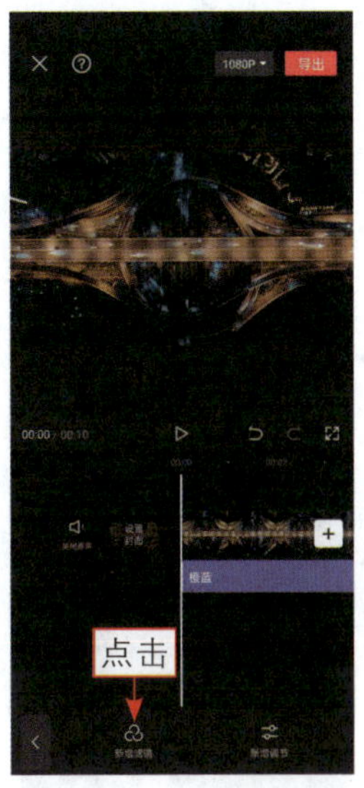

图 2-17 点击“新增滤镜”按钮

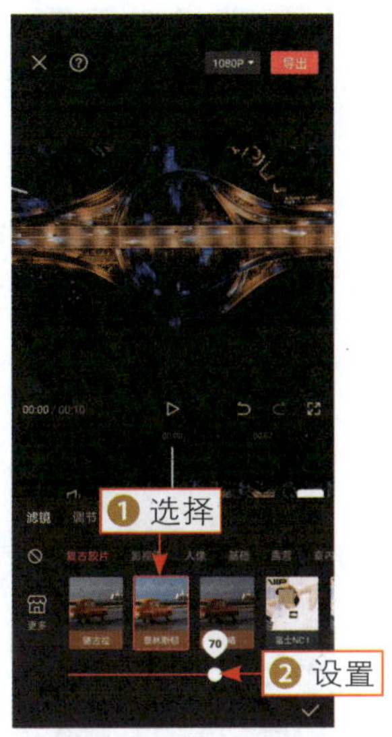

图 2-18 设置滤镜强度（2）

步骤 05 点击 按钮返回上一级工具栏，点击“新增调节”按钮，如图2-19所示。

步骤 06 进入“调节”选项卡，❶选择“对比度”选项；❷拖曳滑块，将其参数值设置为30，如图2-20所示，提高画面的明暗对比度。

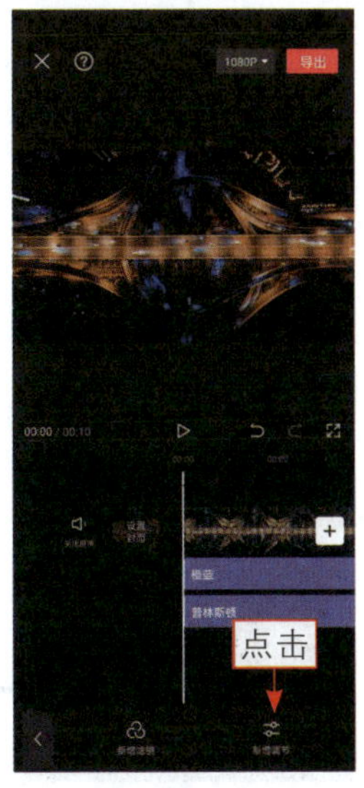

图 2-19 点击“新增调节”按钮

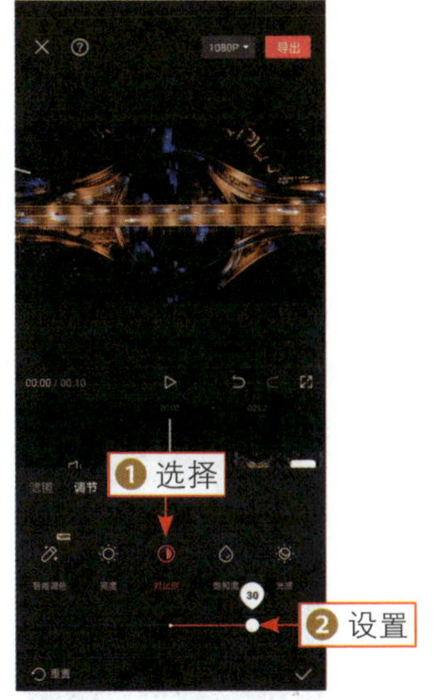

图 2-20 设置“对比度”参数

步骤 07 ❶选择“色温”选项；❷拖曳滑块，将其参数值设置为20，如图2-21所示，使画面偏蓝。

步骤 08 ❶选择“色调”选项；❷拖曳滑块，将其参数值设置为10，如图2-22所示，深化画面中的洋红色效果。

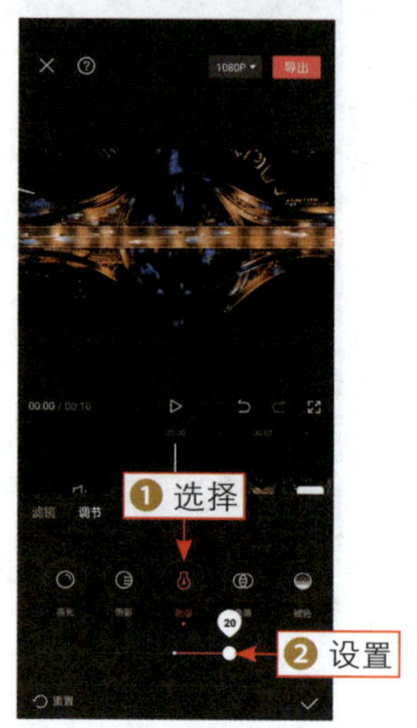

图 2-21 设置“色温”参数

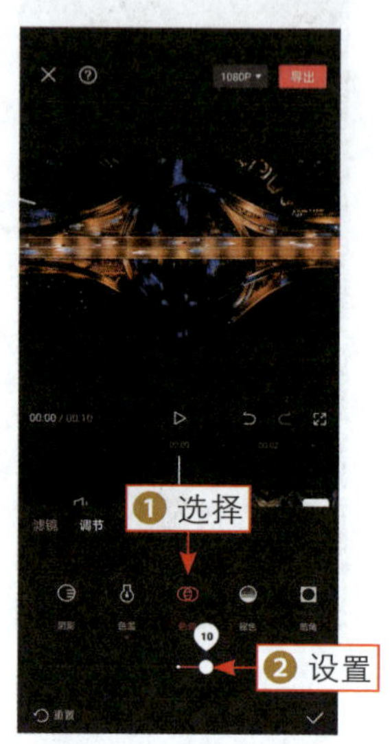

图 2-22 设置“色调”参数

步骤 09 ❶选择“饱和度”选项；❷拖曳滑块，将其参数值设置为5，提高蓝色和橙色的饱和度；❸点击✓按钮，如图2-23所示，即可完成调色。

步骤 10 最后点击“导出”按钮，如图2-24所示，即可导出视频。

图 2-23 设置“饱和度”参数

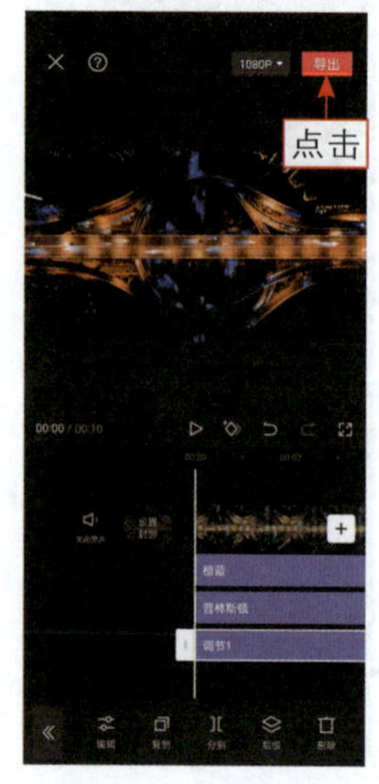

图 2-24 点击“导出”按钮

2.1.3 街景调色

扫码看教学视频

扫码看案例效果

【效果展示】：想在街景视频中调出复古港风色调，用户可以在剪映App中利用牛油果黄色色卡进行调色，增加视频的黄色底色。原图与效果图对比如图2-25所示。

图 2-25 原图与效果图对比

下面介绍在剪映App中进行街景调色的操作方法。

步骤 01 在剪映App中导入一段视频素材，点击“画中画”按钮，如图2-26所示。

步骤 02 点击“新增画中画”按钮，如图2-27所示。

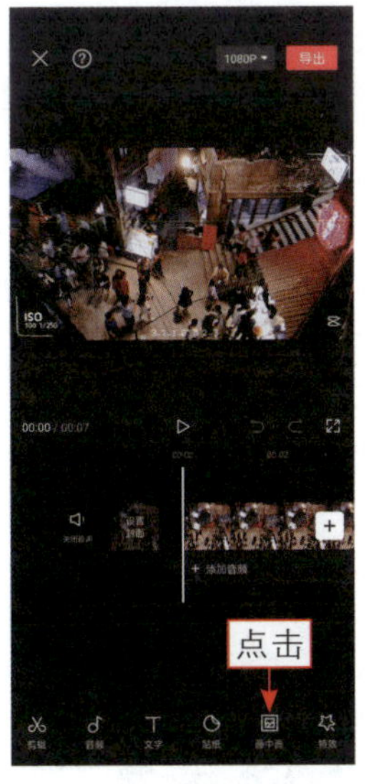

图 2-26 点击“画中画”按钮

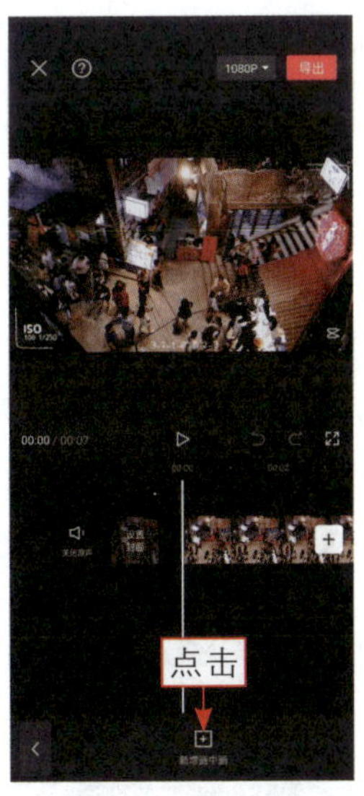

图 2-27 点击“新增画中画”按钮

步骤 03 导入一张牛油果黄色色卡照片素材，❶ 放大照片素材，使其占满屏幕；❷ 调整其显示时长与视频时长一致；❸ 点击“混合模式”按钮，如图 2-28 所示。

步骤 04 进入“混合模式”面板，选择“柔光”选项，如图2-29所示。

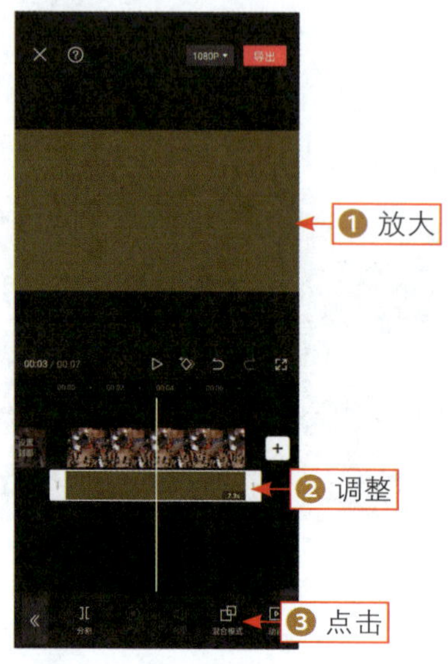

图 2-28　点击“混合模式”按钮

图 2-29　选择“柔光”选项

步骤 05 ❶选择视频；❷点击“滤镜”按钮，如图2-30所示。

步骤 06 进入“滤镜”选项卡，❶在“复古胶片”选项区中选择“花火”滤镜；❷设置强度为60，如图2-31所示，减轻滤镜效果。

图 2-30　点击“滤镜”按钮

图 2-31　设置滤镜强度

步骤 07 返回上一工具栏，点击“调节”按钮，进入“调节”选项卡，❶选择“光感”

选项；❷拖曳滑块，将其参数值设置为 10，如图 2-32 所示，提高画面的明亮度。

步骤 08 ❶选择“锐化”选项；❷拖曳滑块，将其参数值设置为10，如图2-33所示，提高画面清晰度。

图 2-32 设置“光感”参数

图 2-33 设置“锐化”参数

步骤 09 ❶选择“色温”选项；❷拖曳滑块，将其参数值设置为10，如图2-34所示，使画面偏暖。

步骤 10 ❶ 选择“色调”选项；❷ 拖曳滑块，将其参数值设置为10，如图 2-35 所示，使画面偏洋红色。

步骤 11 ❶ 选择“褪色”选项；❷ 拖曳滑块，将其参数值设置为 10，如图 2-36 所示，使画面颜色减淡。

步骤 12 ❶ 选择“颗粒”选项；❷ 拖曳滑块，将其参数值设置为 10，如图 2-37 所示，给视频画面增加颗粒感，最后导出视频即可。

图 2-34 设置“色温”参数

图 2-35 设置“色调”参数

图 2-36　设置“褪色”参数

图 2-37　设置“颗粒”参数

2.1.4　建筑调色

扫码看教学视频

扫码看案例效果

【效果展示】：为视频添加滤镜并调色可以让暗淡的建筑变得明亮起来，让画面中的建筑更精致，使视频更有质感。原图与效果图对比如图2-38所示。

图 2-38　原图与效果图对比

下面介绍在剪映App中进行建筑调色的操作方法。

步骤 01 在剪映App中导入一段视频素材，点击“滤镜”按钮，如图2-39所示。

步骤 02 进入“滤镜”选项卡，❶在“基础”选项区中选择“清晰”滤镜；❷设置强度为60，减轻滤镜效果；❸点击✓按钮，如图2-40所示，即可添加滤镜。

图 2-39 点击“滤镜”按钮

图 2-40 点击相应的按钮

步骤 03 点击◀按钮返回上一级工具栏，点击“新增调节”按钮，如图 2-41 所示。

步骤 04 进入“调节”选项卡，❶选择“亮度”选项；❷拖曳滑块，将其参数值设置为10，如图2-42所示，提高画面的亮度。

图 2-41 点击“新增调节”按钮

图 2-42 设置“亮度”参数

步骤 05 ❶选择“对比度”选项；❷拖曳滑块，将其参数值设置为10，如图2-43所示，提高画面的明暗对比度。

步骤06 ❶选择“饱和度”选项；❷拖曳滑块，将其参数值设置为5，如图2-44所示，增加画面色彩饱和度。

图2-43　设置“对比度”参数

图2-44　设置“饱和度”参数

步骤07 ❶选择“光感”选项；❷拖曳滑块，将其参数值设置为5，如图2-45所示，提高画面光线的强度。

步骤08 ❶选择“锐化”选项；❷拖曳滑块，将其参数值设置为5，如图2-46所示，提高画面的清晰度。

图2-45　设置“光感”参数

图2-46　设置“锐化”参数

步骤 09 ❶选择“色温”选项；❷拖曳滑块，将其参数值设置为-5，如图2-47所示，使画面偏冷。

步骤 10 ❶选择“色调”选项；❷拖曳滑块，将其参数值设置为5；❸点击✓按钮，如图2-48所示，使画面色彩更加明艳。最后点击“导出”按钮，即可导出视频。

图 2-47 设置“色温”参数

图 2-48 设置“色调”参数

2.1.5 美食调色

扫码看教学视频

扫码看案例效果

【效果展示】：普通的食物经过这个万能美食色调处理之后就会变得更加诱人，让人更有食欲。原图与效果图对比如图2-49所示。

图 2-49 原图与效果图对比

下面介绍在剪映App中调出万能美食色调的操作方法。

步骤 01 在剪映App中导入一段视频素材，点击“滤镜”按钮，如图2-50所示。

步骤 02 ❶切换至“美食”选项区；❷选择“轻食”滤镜；❸点击✓按钮，如图2-51所示，进行初步调色。

图 2-50 点击“滤镜”按钮

图 2-51 点击相应的按钮

步骤 03 点击«按钮返回上一级工具栏，点击“新增调节”按钮，如图2-52所示。

步骤 04 进入“调节”选项卡，❶选择“亮度”选项；❷拖曳滑块，设置其参数值为 10，如图 2-53 所示，提高画面的明亮度。

步骤 05 ❶选择“对比度”选项；❷拖曳滑块，设置其参数值为 10，如图 2-54 所示，提高画面的明暗对比度。

步骤 06 ❶选择“饱和度”选项；❷拖曳滑块，设置其参数值为 5，如图 2-55 所示，提高画面的色彩饱和度。

图 2-52 点击“新增调节”按钮

图 2-53 设置“亮度”参数

图 2-54　设置“对比度”参数

图 2-55　设置“饱和度”参数

步骤 07 ❶选择“光感”选项；❷拖曳滑块，将其参数值设置为5，如图2-56所示，提高画面光线的强度。

步骤 08 ❶选择“高光”选项；❷拖曳滑块，将其参数值设置为5，如图2-57所示，使明亮处更亮。

图 2-56　设置“光感”参数

图 2-57　设置“高光”参数

步骤 09 ❶选择“色温”选项；❷拖曳滑块，将其参数值设置为5，如

图2-58所示，使画面偏暖色。

步骤 10 ❶选择“色调”选项；❷拖曳滑块，将其参数值设置为5，如图2-59所示，使画面色彩更明艳。最后点击✓按钮后导出视频即可。

图 2-58　设置“色温”参数

图 2-59　设置“色调”参数

2.2　提升颜色质感

如果在拍摄视频时光线不好，在剪映中可以通过“调节”功能调整视频的光线。如果色彩饱和度不够，则可以通过添加滤镜、调节“饱和度”参数等方式让视频的画面变得更加美观。因此，用户可以通过对视频进行调色，例如添加多个不同的滤镜来提升视频的质感，让原本普通的视频秒变电影大片。本节介绍在剪映App进行氛围调色和柠青调色的操作方法。

2.2.1　氛围调色

扫码看教学视频

扫码看案例效果

【效果展示】：通过调色，用户可以将拍摄效果并不好的视频变成充满电影质感的视频，为视频增加电影感氛围。原图与效果图对比如图2-60所示。

图 2-60 原图与效果图对比

下面介绍在剪映App中进行氛围调色的操作方法。

步骤 01 在剪映App中导入一段视频素材，点击“滤镜”按钮，如图2-61所示。

步骤 02 进入“滤镜”选项卡，❶切换至“风景”选项区；❷选择“醒春”滤镜，如图2-62所示。

图 2-61 点击“滤镜”按钮

图 2-62 选择“醒春”滤镜

步骤 03 返回上一级工具栏，点击“新增调节”按钮，如图2-63所示。

步骤 04 进入“调节”选项卡，❶选择“亮度”选项；❷拖曳滑块，将其参数值设置为5，如图2-64所示，提高画面亮度。

步骤 05 ❶选择“对比度”选项；❷拖曳滑块，将其参数值设置为5，如图2-65所示，提高画面的明暗对比度。

步骤 06 ❶选择“饱和度”选项；❷拖曳滑块，将其参数值设置为10，如图2-66所示，提高画面的色彩饱和度。

图 2-63　点击“新增调节”按钮

图 2-64　设置“亮度”参数

图 2-65　设置“对比度”参数

图 2-66　设置“饱和度”参数

步骤 07　❶选择“光感”选项；❷拖曳滑块，将其参数值设置为-5，如图2-67所示，降低画面的光线强度。

步骤 08　❶选择“锐化”选项；❷拖曳滑块，将其参数值设置为5，如图2-68所示，提高画面的清晰度。

图 2-67　设置“光感”参数

图 2-68　设置“锐化”参数

步骤 09 ❶选择“高光”选项；❷拖曳滑块，将其参数值设置为5，如图2-69所示，提高画面高光部分的亮度。

步骤 10 ❶选择“色温”选项；❷拖曳滑块，将其参数值设置为-5，如图2-70所示，增加画面中的蓝色。

图 2-69　设置“高光”参数

图 2-70　设置“色温”参数

步骤 11 ❶选择“色调”选项；❷拖曳滑块，将其参数值设置为-5，如

图2-71所示，将画面色调稍微往绿色调整一些。

步骤12 执行上述操作后，点击右上角的“导出”按钮，如图2-72所示，即可导出视频。

图2-71 设置“色调”参数

图2-72 点击“导出”按钮

2.2.2 柠青调色

【效果展示】：为视频添加“柠青”滤镜并调节相关参数，可以让原本普通的视频变得更有质感，视频画面也变得更透亮鲜艳。原图与效果图对比如图2-73所示。

扫码看教学视频

扫码看案例效果

图2-73 原图与效果图对比

下面介绍在剪映App中调出柠青色调的操作方法。

步骤01 在剪映App中导入一段视频素材，①选择视频；②点击“滤镜”按钮，如图2-74所示。

步骤02 进入“滤镜”选项卡，①切换至“风景”选项区；②选择“柠青”

滤镜；❸设置强度为100，如图2-75所示，增强滤镜效果。

图 2-74　点击“滤镜”按钮

图 2-75　设置滤镜强度

步骤 03 返回主界面，点击“调节”按钮，如图2-76所示。

步骤 04 进入“调节”选项卡，❶选择“亮度”选项；❷拖曳滑块，将其参数值设置为-5，如图2-77所示，降低画面亮度。

图 2-76　点击“调节”按钮

图 2-77　设置“亮度”参数

步骤 05 ❶选择“对比度”选项；❷拖曳滑块，将其参数值设置为10，如

图2-78所示，提高画面明暗对比度。

步骤 06 ❶选择“饱和度”选项；❷拖曳滑块，将其参数值设置为10，如图2-79所示，提高画面的色彩饱和度。

图 2-78　设置“对比度”参数

图 2-79　设置“饱和度”参数

步骤 07 ❶选择“锐化”选项；❷拖曳滑块，将其参数值设置为20，如图2-80所示，提高画面清晰度。

步骤 08 ❶选择“色调”选项；❷拖曳滑块，将其参数值设置为10，如图2-81所示，深化画面中的洋红色效果。

图 2-80　设置“锐化”参数

图 2-81　设置“色调”参数

步骤 09 ❶选择“暗角”选项；❷拖曳滑块，将其参数值设置为10，如图2-82所示，加深画面的四角阴影。

步骤 10 点击右上角的“导出”按钮，如图2-83所示，即可导出视频。

图 2-82 设置“暗角”参数

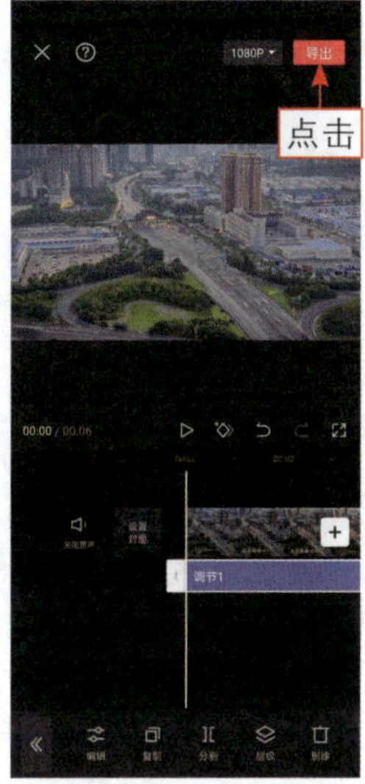

图 2-83 点击“导出”按钮

第 3 章

设置花样转场

转场是指视频与视频之间的过渡与转换，也是视频连贯性的一种体现。转场有多种形式，有用镜头自然过渡的无技巧转场，也有常见的技巧转场。本章主要介绍 4 种常见的转场技巧。

3.1 特效转场

如果用户需要将多个素材剪辑成一个视频，可以在这些素材之间添加合适的转场特效，避免切换素材时显得生硬和突兀。用户可以在多个素材之间直接添加转场效果，也可以利用转场特效制作出独特的曲线转场。

3.1.1 基础转场

扫码看教学视频

扫码看案例效果

【效果展示】：用户可以在视频之间添加转场效果，使视频之间的切换变得流畅、自然，提升视频的美观度和趣味性，效果如图3-1所示。

图 3-1 原图与效果图对比

下面介绍使用剪映App为短视频添加基础转场效果的具体操作。

步骤 01 在剪映App中导入两段视频素材，点击第1段素材和第2段素材中间的 | 按钮，如图3-2所示。

步骤 02 执行操作后，进入“转场”面板，如图3-3所示。

图 3-2　点击相应的按钮

图 3-3　进入“转场”面板

步骤 03 切换至“叠化”选项卡，选择“推近”转场效果，如图3-4所示。

步骤 04 拖曳滑块，设置“推近”转场时长为0.5s，减少转场效果的持续时间，如图3-5所示。

图 3-4　选择“推近”转场效果

图 3-5　设置时长

步骤 05 点击✓按钮，如图3-6所示，即可确认添加转场效果。

步骤 06 ❶为视频添加一段合适的背景音乐；❷点击“导出”按钮即可导出

视频，如图3-7所示。

图 3-6 确认添加转场效果

图 3-7 点击“导出”按钮

3.1.2 抠图转场

【效果展示】：在剪映App中利用“色度抠图”功能就能制作出枫叶特效转场，让绿色植物经过转场之后变成枫叶，这个特效转场很适合季节变换的场景，尤其是夏天变秋天的视频场景中，效果如图3-8所示。

扫码看教学视频

扫码看案例效果

图 3-8 效果展示

下面介绍在剪映App中制作抠图转场效果的方法。

步骤 01 在剪映App中导入两张照片，点击“画中画”按钮，如图3-9所示。

步骤 02 点击“新增画中画”按钮，如图3-10所示，进入“照片视频”界面。

图 3-9 点击“画中画”按钮

图 3-10 点击“新增画中画”按钮

步骤 03 在“视频”选项卡中，❶选择枫叶转场特效素材；❷选中“高清”复选框；❸点击“添加”按钮，如图3-11所示，即可添加素材。

步骤 04 ❶调整素材画面大小，使其铺满屏幕；❷依次点击“抠像”|“色度抠图”按钮，如图3-12所示。

步骤 05 进入“色度抠图”面板，拖曳画面中的取色器，如图3-13所示，对画面中的蓝色进行取样。

步骤 06 ❶选择“强度”选项；❷拖曳滑块，设置其参数值为100，如图3-14所示。

图 3-11 点击“添加”按钮

图 3-12 点击“色度抠图”按钮

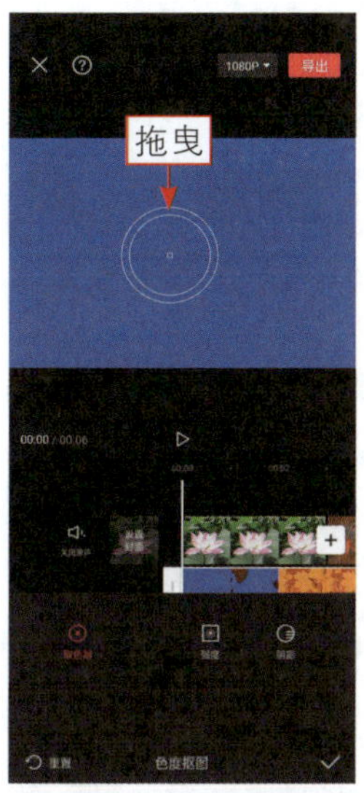

图 3-13　拖曳取色器

图 3-14　设置“强度”参数

步骤 07 ❶选择“阴影”选项；❷拖曳滑块，设置其参数值为100，如图3-15所示。

步骤 08 调整第1段素材的时长为2s、第2段素材的时长为2.4s，如图3-16所示。

图 3-15　设置“阴影”参数

图 3-16　调整素材时长

步骤 09 ❶选择第1段素材；❷点击“动画”按钮，如图3-17所示。

步骤 10 在弹出的“动画”面板中，❶切换至“组合动画”选项卡；❷选择“旋转缩小”动画，如图3-18所示，为第1段素材添加动画效果。

图 3-17　点击“动画”按钮

图 3-18　选择“旋转缩小”动画

步骤 11 ❶选择第2段视频素材；❷在“组合动画”选项卡中选择“滑入波动”动画，如图3-19所示，为第2段素材设置动画效果，让素材变得动感十足。

步骤 12 添加合适的背景音乐，点击“导出”按钮，如图3-20所示，即可导出视频。

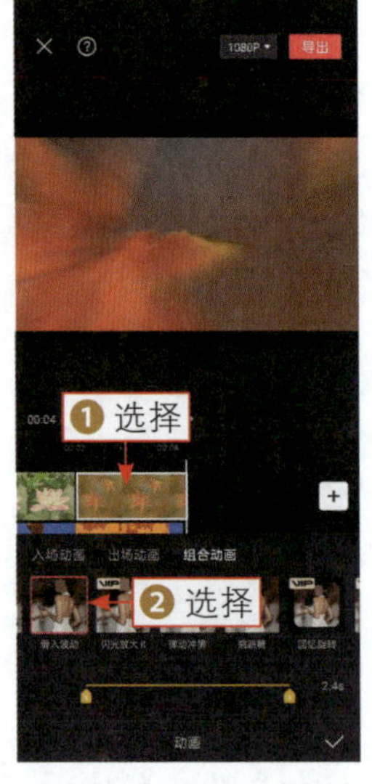

图 3-19　选择“滑入波动”动画

图 3-20　点击“导出”按钮

3.2 动态转场

在剪映App中运用各种抠像功能可以制作出有特色的动态转场效果，例如文字特效转场和动画特效转场。学会这些转场效果的制作方法，下次用在自己的视频中，将惊艳你的朋友圈。下面通过具体的案例来介绍这些转场效果的制作方法。

3.2.1 文字特效转场

扫码看教学视频

扫码看案例效果

【效果展示】：文字特效转场是转场效果中比较常见的一种，重点在于从文字中切出视频，效果如图3-21所示。

图 3-21 效果展示

下面介绍在剪映App中制作文字特效转场的具体操作。

步骤 01 在剪映App中导入一张绿幕照片素材，并调整素材时长为5.0s，如图3-22所示。

步骤 02 依次点击“文字”|“新建文本”按钮，添加“爱晚亭”文字，如图3-23所示，并设置相应的字体和颜色。

图 3-22　调整素材时长为 5.0s

图 3-23　添加文字

步骤 03 拖曳文字右侧的白色拉杆，将文字时长调整为与视频时长一致，如图3-24所示。

步骤 04 ❶拖曳时间线至视频起始位置；❷点击按钮添加关键帧；❸调整文字的大小，如图3-25所示。

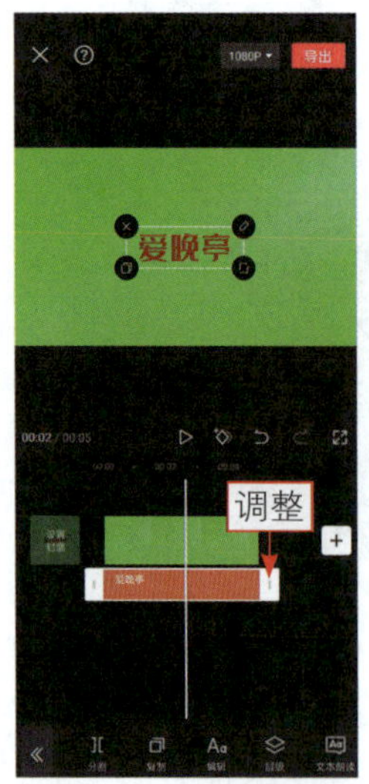

图 3-24　调整文字时长

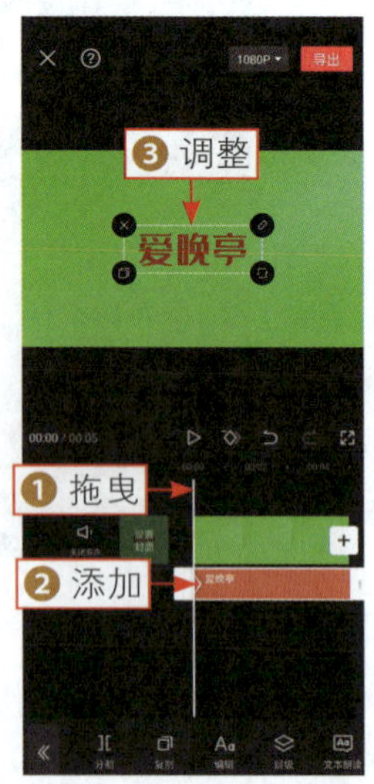

图 3-25　调整文字的大小（1）

步骤 05 ❶拖曳时间线至第3s的位置；❷点击按钮添加关键帧；❸调整文字的大小，如图3-26所示。

步骤 06 ❶拖曳时间线至视频末尾；❷点击◇按钮添加关键帧；❸调整文字的大小，将其放大到最大；❹点击“导出”按钮，保存视频，如图3-27所示。

图 3-26 调整文字的大小（2）

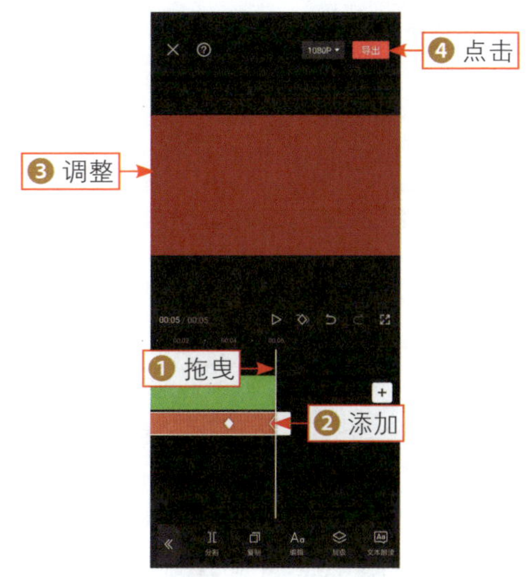

图 3-27 点击“导出”按钮（1）

步骤 07 导入新的视频素材，依次点击“画中画”|“新增画中画”按钮，如图3-28所示。

步骤 08 在“照片视频”界面的“视频”选项卡中，❶选择前面导出的视频；❷选中“高清”复选框；❸点击“添加”按钮，如图3-29所示，即可添加视频。

图 3-28 点击“新增画中画”按钮（1）

图 3-29 点击“添加”按钮（1）

步骤 09 执行操作后，❶调整导入视频的画面大小；❷依次点击“抠像”|“色度抠图”按钮，如图3-30所示，进入“色度抠图”面板。

步骤 10 拖曳屏幕中的取色器，对画面中的红色进行取样，如图3-31所示。

图 3-30　点击“色度抠图”按钮（1）

图 3-31　对画面中的红色进行取样

步骤 11 ❶选择“强度”选项；❷设置其参数值为30；❸点击“导出”按钮，保存视频，如图3-32所示。

步骤 12 新建一个草稿文件，导入第 2 段新的视频素材，依次点击“画中画”|“新增画中画”按钮，如图 3-33 所示。

图 3-32　点击“导出”按钮（2）

图 3-33　点击“新增画中画”按钮（2）

步骤 13 在“照片视频”界面的“视频”选项卡中，❶ 选择上一步导出的视频；❷ 选中“高清”复选框；❸ 点击“添加”按钮，如图 3-34 所示，即可添加视频。

步骤 14 执行操作后，❶ 调整导入视频的画面大小；❷ 依次点击“抠像”|“色度抠图”按钮，如图3-35所示。

图 3-34 点击“添加”按钮（2）

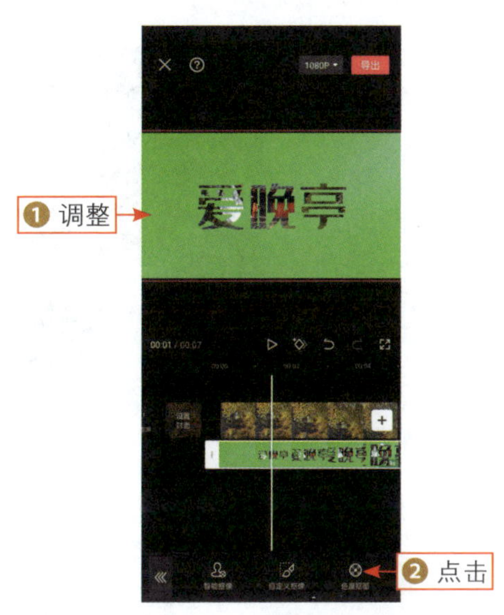

图 3-35 点击“色度抠图”按钮（2）

步骤 15 拖曳屏幕中的取色器，在绿色背景上取样，如图 3-36 所示。

步骤 16 ❶ 选择“强度”选项；❷ 设置“强度”参数值为 26；❸ 点击✓按钮，如图 3-37 所示，即可抠出绿色背景。最后添加合适的背景音乐后，即可导出视频。

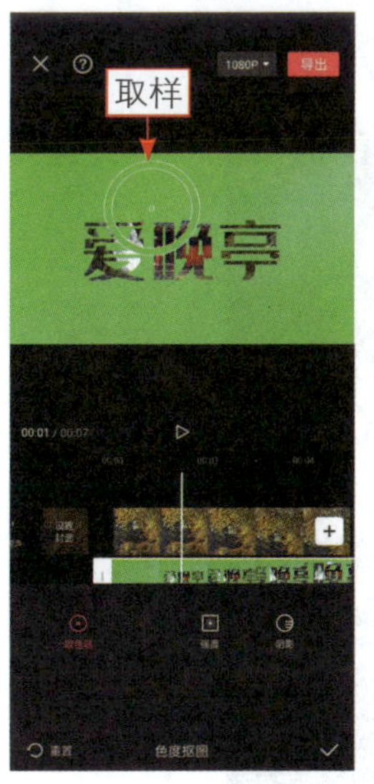

图 3-36 在绿色背景上取样

图 3-37 点击相应的按钮

3.2.2 动画特效转场

扫码看教学视频

扫码看案例效果

【效果展示】：添加动画特效转场的关键在于对动画、特效及转场的挑选和使用，搭配得当就能得到满意的效果，效果如图3-38所示。

图 3-38　效果展示

下面介绍在剪映App中制作动画特效转场视频的具体操作。

步骤 01 在剪映App中导入4张照片素材，❶选择第1张照片素材；❷点击"动画"按钮，如图3-39所示。

步骤 02 弹出"动画"面板，在"入场动画"选项卡中选择"放大"动画，如图3-40所示，为第1段素材添加"放大"动画效果。

图 3-39　点击"动画"按钮

图 3-40　选择"放大"动画

步骤03 为第2段素材添加“组合动画”选项卡中的“四格翻转Ⅱ”动画，如图3-41所示。

步骤04 用与上面相同的方法，为第3段素材添加“组合动画”选项卡中的“分身Ⅱ”动画，如图3-42所示。

图 3-41 添加“四格翻转Ⅱ”动画

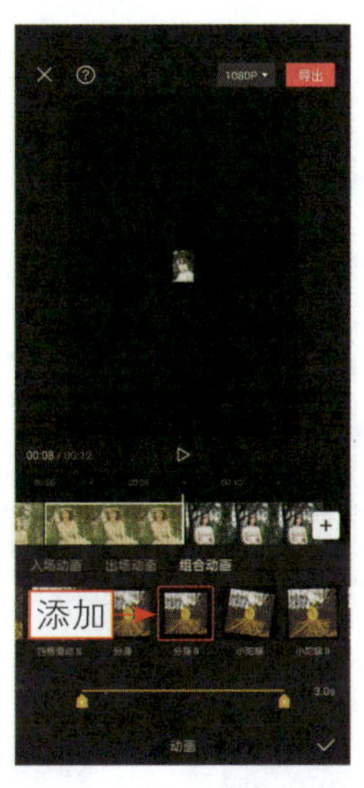

图 3-42 添加“分身Ⅱ”动画

步骤05 为第4段素材添加“组合动画”选项卡中的“旋入晃动”动画，如图3-43所示。

步骤06 点击前两个视频素材连接处的□按钮，如图3-44所示。

图 3-43 添加“旋入晃动”动画

图 3-44 点击相应的按钮（1）

步骤 07 在弹出的“转场”面板中，❶切换至“叠化”选项卡；❷选择“渐变擦除”转场；❸点击✓按钮，如图3-45所示，即可确认添加转场。

步骤 08 用与上面相同的方法，在第2段和第3段素材中间添加“运镜”选项卡中的“拉远”转场，如图3-46所示。

图 3-45　点击相应的按钮（2）

图 3-46　添加“拉远”转场

步骤 09 在第3段和第4段素材中间添加“运镜”选项卡中的“顺时针旋转”转场，如图3-47所示。

步骤 10 ❶拖曳时间线至视频开头；❷点击“特效”按钮，如图3-48所示。

步骤 11 点击“画面特效”按钮，❶切换至“基础”选项卡；❷选择“变清晰”特效；❸点击✓按钮，如图3-49所示，即可确认添加特效。

图 3-47　添加“顺时针旋转”转场

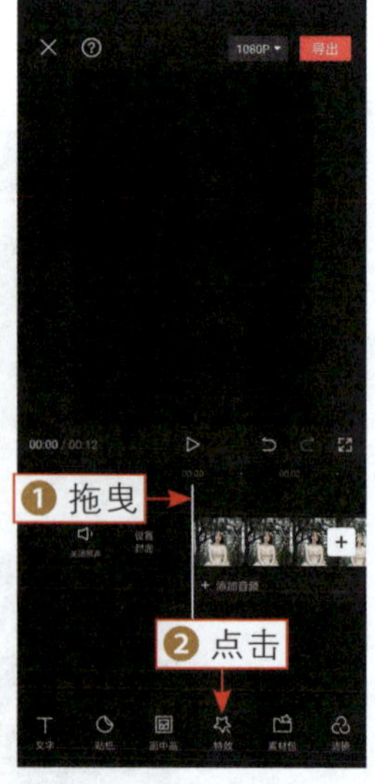

图 3-48　点击“特效”按钮

步骤 12 拖曳“变清晰”特效右侧的白色拉杆，调整其时长与第 1 段素材的时长一致，如图 3-50 所示。

图 3-49 点击相应的按钮（3）

图 3-50 调整特效时长

步骤 13 用与上面相同的方法，为其他3段素材添加相应的特效，如图3-51所示。

步骤 14 为视频添加合适的背景音乐，点击“导出”按钮即可导出视频，如图3-52所示。

图 3-51 添加相应的特效

图 3-52 点击“导出”按钮

第 4 章

高能玩转字幕

字幕在视频中起着帮助观众理解视频内容的作用，在剪映 App 中不仅有丰富的字体样式，还有多种文字模板，更有各种文字功能。本章主要为大家介绍如何在剪映 App 中进行字幕编辑，从添加文字到制作文字特效，帮助大家轻松提高视频视觉效果。

4.1 添加文字效果

在剪映中添加文字的方式有很多，既可以直接输入文字，自定义设置文字效果，也可以套用文字模板，还可以识别字幕和识别歌词。本节就为大家介绍如何添加文字及效果。

4.1.1 添加文字

扫码看教学视频

扫码看案例效果

【效果展示】：根据视频画面展示的内容可以为视频添加合适的文字，还可以为文字设置字体、添加动画，让文字更加生动，效果如图4-1所示。

图 4-1 效果展示

下面介绍在剪映App中为视频添加文字的具体操作。

步骤 01 在剪映App中导入素材，依次点击“文字”按钮和“新建文本”按钮，如图4-2所示。

步骤 02 ❶输入文字内容；❷在“字体”选项卡中选择合适的中文字体，如

图4-3所示。

图 4-2　点击“新建文本”按钮

图 4-3　选择合适的中文字体

步骤 03 切换至“样式”选项卡并设置“字号”参数值为20，如图4-4所示。

步骤 04 调整文字时长与视频时长一致，如图4-5所示。

图 4-4　设置“字号”参数

图 4-5　调整文字时长

步骤 05 在工具栏中点击“动画”按钮，❶选择“模糊”入场动画；❷设置动画时长为3.0s，如图4-6所示。

步骤 06 ❶切换至“出场”选项区；❷选择“弹弓”动画；❸微微放大文字；❹设置动画时长为2.5s，如图4-7所示。

图 4-6 设置动画时长（1）

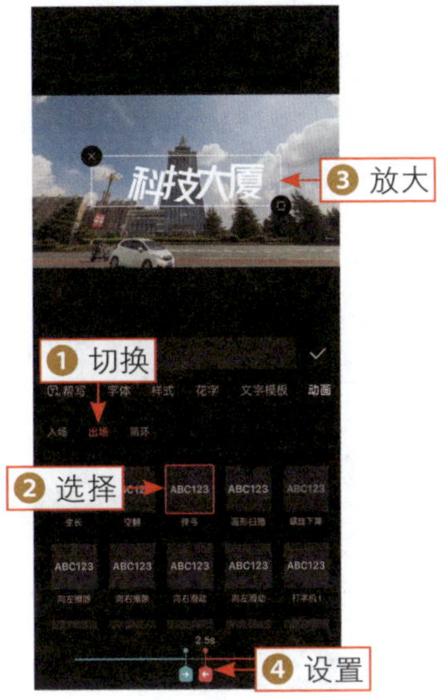

图 4-7 设置动画时长（2）

4.1.2 文字模板

【效果展示】：在剪映App中有很多文字模板可选，为视频添加文字模板之后，只需更改文字内容，就可得到理想的文字效果，如图4-8所示。

扫码看教学视频

扫码看案例效果

图 4-8 效果展示

下面介绍在剪映App中为视频添加文字模板的具体操作。

步骤 01 在剪映App中导入视频素材，依次点击“文字”按钮和“文字模板”按钮，如图4-9所示。

步骤02 ❶切换至“简约”选项区；❷选择一款文字模板；❸更改文字内容，如图4-10所示。

图 4-9　点击“文字模板”按钮

图 4-10　更改文字内容

步骤03 调整文字的时长与视频时长一致，如图4-11所示。

步骤04 在工具栏中点击“动画”按钮，❶在“入场”选项区中选择“晕开”入场动画；❷并设置动画时长为3.0s，如图4-12所示。

图 4-11　调整文字时长

图 4-12　设置动画时长

4.1.3 识别字幕

扫码看教学视频

扫码看案例效果

【效果展示】：在剪映中可以通过“识别字幕”功能把视频中的语音识别成字幕，后期再给文字添加一些效果即可，如图4-13所示。

图 4-13 效果展示

下面介绍在剪映App中为视频识别字幕的具体操作。

步骤 01 在剪映App中导入视频素材，依次点击“文字”按钮和“识别字幕”按钮，如图4-14所示。

步骤 02 在弹出的面板中点击“开始匹配”按钮，如图4-15所示，即可开始识别和匹配字幕。

图 4-14 点击“识别字幕”按钮

图 4-15 点击“开始匹配”按钮

步骤 03 选择一段文字，点击“编辑”按钮，如图4-16所示。

步骤 04 在“样式”选项卡中，设置“字号”参数值为9，如图4-17所示。

图 4-16　点击“编辑”按钮

图 4-17　设置“字号”参数

步骤 05 ❶切换至“描边”选项区；❷选择适当的样式，如图4-18所示，为文字添加描边效果。

步骤 06 ❶切换至“文本”选项区；❷选择文字颜色，如图4-19所示，为文字添加颜色。

图 4-18　选择适当的样式

图 4-19　选择文字颜色

步骤 07 ❶切换至“字体”选项卡；❷选择合适的字体，如图4-20所示。

步骤 08 适当调整最后一段的文字时长，如图4-21所示。

图 4-20 选择合适的字体

图 4-21 调整文字时长

4.1.4 识别歌词

扫码看教学视频

扫码看案例效果

【效果展示】：在剪映中也能制作KTV点播版本的卡拉OK歌词字幕，方法非常简单，只需准备好有中文歌词的音乐视频即可，效果如图4-22所示。

图 4-22 效果展示

下面介绍在剪映App中识别视频中歌曲的歌词的具体操作。

步骤 01 在剪映App中导入视频素材，依次点击“文字”按钮和“识别歌词”按钮，如图4-23所示。

步骤 02 在弹出的“识别歌词”面板中点击“开始匹配”按钮，如图4-24所示。

图 4-23　点击“识别歌词”按钮

图 4-24　点击“开始匹配”按钮

步骤 03 选择一段文字，点击“编辑”按钮，如图4-25所示。

步骤 04 在“样式”选项卡中，设置“字号”参数值为9，如图4-26所示。

图 4-25　点击“编辑”按钮

图 4-26　设置“字号”参数

步骤 05 切换至“字体”选项卡，为文字选择合适的字体，如图4-27所示。

步骤 06 切换至“动画”选项卡，❶选择“卡拉OK”入场动画；❷选择黄色色块；❸点击✓按钮，如图4-28所示，即可添加动画效果。

图 4-27 选择合适的字体

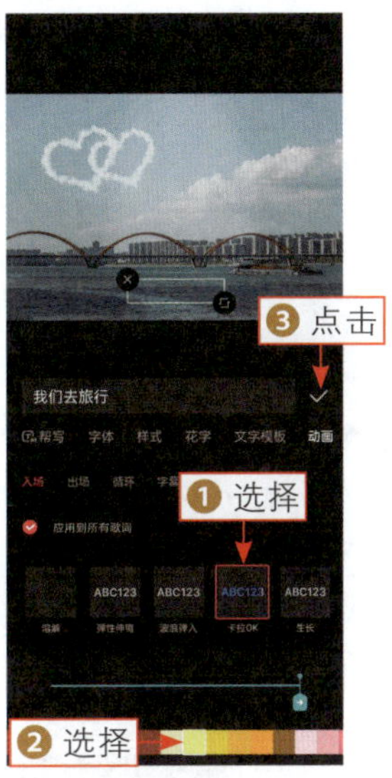

图 4-28 点击相应的按钮

步骤 07 在“样式”选项卡中，取消选中“应用到所有歌词”复选框，如图4-29所示，方便后面分开调整文字的位置。

步骤 08 调整两段文字的时长和位置，如图4-30所示。

图 4-29 取消选中相应的复选框

图 4-30 调整文字的时长和位置

4.2 添加花字和贴纸

在剪映中，除了可以为视频添加文字和文字模板、识别字幕和识别歌词，还能添加花字和贴纸，丰富文字效果，让视频中的文字更加显眼，从而传递视频主题。本节将为大家介绍如何添加花字和贴纸。

4.2.1 花样字幕

扫码看教学视频

扫码看案例效果

【效果展示】：剪映App里有很多花字样式，而且颜色非常醒目，通过添加花字制作花样字幕，第一眼就能引人注目，效果如图4-31所示。

图 4-31　效果展示

下面介绍在剪映App中为视频添加花样字幕的具体操作。

步骤 01 在剪映App中导入一段视频素材，依次点击“文字”按钮和“新建文本”按钮，如图4-32所示。

步骤 02 执行操作后，❶切换至“花字”选项卡；❷选择一款合适的花字样式，如图4-33所示。

图 4-32 点击"新建文本"按钮

图 4-33 选择花字样式

步骤 03 ❶输入文字内容；❷切换至"字体"选项卡；❸选择合适的字体；❹适当调整文字的位置和大小，如图4-34所示。

步骤 04 ❶切换至"动画"选项卡；❷选择"逐字显影"入场动画；❸设置动画时长为2.0s，如图4-35所示，为文字添加入场动画。

步骤 05 ❶切换至"出场"选项区；❷选择"渐隐"动画，如图4-36所示，为文字添加出场动画。

图 4-34 调整文字的位置和大小

图 4-35 设置动画时长

步骤06 调整文字的时长，使其与视频时长一致，如图4-37所示。

图 4-36　选择“渐隐”动画

图 4-37　调整文字的时长

4.2.2　动态贴纸

扫码看教学视频

扫码看案例效果

【效果展示】：在剪映App中有很多贴纸，不仅有静态的贴纸，还有动态的贴纸，在视频里可以添加烟花贴纸，让视频画面更加绚丽，如图4-38所示。

图 4-38　效果展示

下面介绍在剪映App中为视频添加动态贴纸的具体操作。

步骤01 在剪映App中导入视频素材，依次点击“文字”按钮和“添加贴纸”按钮，如图4-39所示。

步骤02 ❶搜索“烟花”贴纸；❷选择一款贴纸，如图4-40所示。

图 4-39 点击“添加贴纸”按钮

图 4-40 选择一款贴纸

步骤 03 选择第2款烟花贴纸，如图4-41所示。

步骤 04 继续选择第3款烟花贴纸，如图4-42所示。

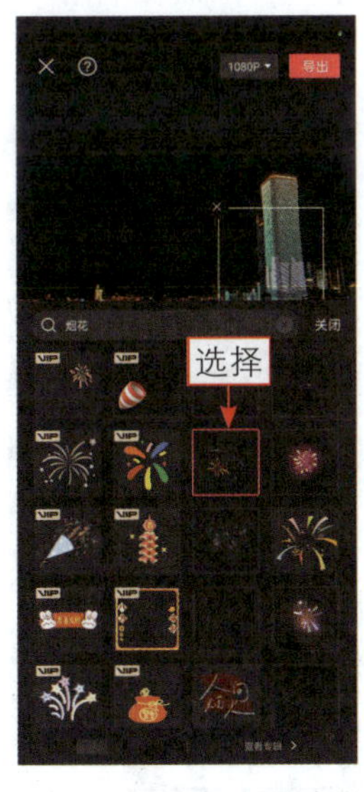

图 4-41 选择第 2 款烟花贴纸

图 4-42 选择第 3 款烟花贴纸

步骤 05 ❶调整3款贴纸的时长，使其与视频时长一致；❷调整3款贴纸的大小和位置，如图4-43所示。

步骤 06 返回一级工具栏，❶拖曳时间线至视频起始位置；❷依次点击“音频”按钮和“音效”按钮，如图4-44所示。

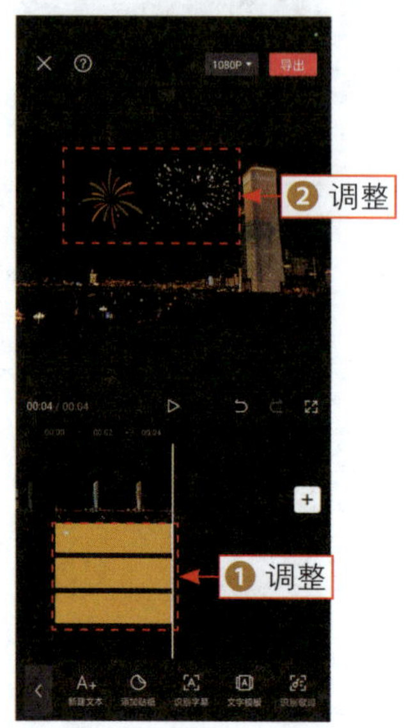

图 4-43 调整 3 款贴纸的大小和位置

图 4-44 点击“音效”按钮

步骤 07 ❶搜索“烟花”音效；❷点击“烟花声”音效右侧的“使用”按钮，如图4-45所示，为视频添加“烟花声”音效。

步骤 08 调整音效的时长，使其与视频时长一致，如图4-46所示。

图 4-45 点击“使用”按钮

图 4-46 调整音效的时长

4.3　制作文字特效

前面介绍了基础的添加文字效果和添加花字、贴纸的具体操作，本节将为大家介绍如何在剪映App中制作精彩的文字特效，让视频中的文字特效与众不同！

4.3.1　特效字幕

扫码看教学视频

扫码看案例效果

【效果展示】：在剪映App中通过添加“模糊”特效，就能制作开场的模糊文字特效，而且这样朦朦胧胧的文字还具有神秘感，效果如图4-47所示。

图 4-47　效果展示

下面介绍在剪映App中为视频制作特效字幕的具体操作。

步骤 01 打开剪映App，❶切换至“素材库”界面；❷在“热门”选项卡中选择黑场素材；❸选中“高清”复选框；❹点击“添加”按钮，如图4-48所示。

步骤 02 依次点击“文字”按钮和“新建文本”按钮，如图4-49所示。

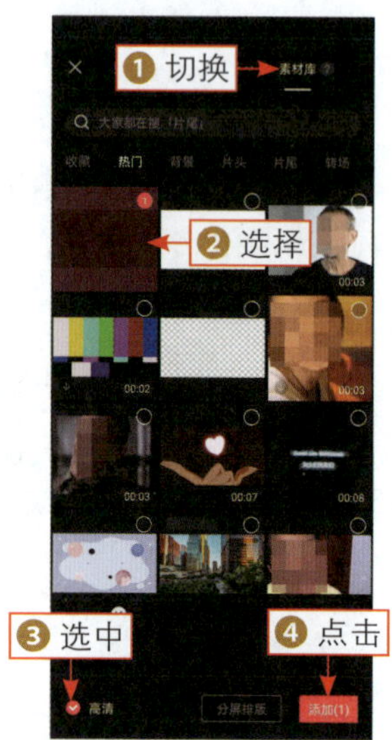

图 4-48　点击“添加”按钮（1）

图 4-49　点击“新建文本”按钮

步骤 03 ❶输入文字内容；❷在“字体”选项卡中选择合适的字体，如图4-50所示。

步骤 04 切换至“样式”选项卡，❶设置“字号”参数值为15；❷适当调整文字的位置，如图4-51所示。

图 4-50　选择合适的字体

图 4-51　调整文字的位置

步骤 05 ❶调整视频和文字的时长都为5.0s；❷点击“导出”按钮，如图4-52

所示，即可导出视频并保存。

步骤 06 在剪映App中导入背景视频素材，依次点击“画中画”按钮和“新增画中画”按钮，如图4-53所示。

图 4-52 点击“导出”按钮

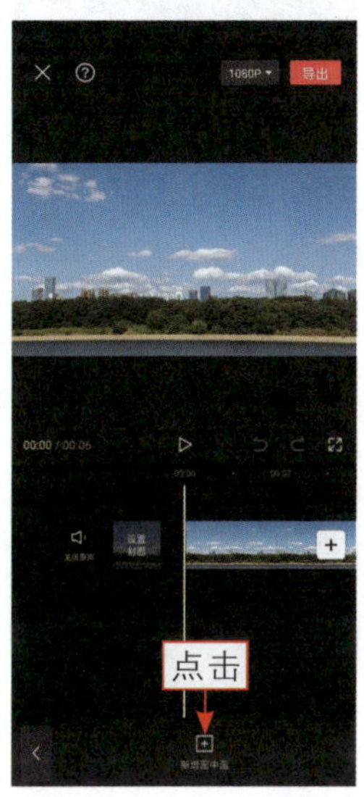

图 4-53 点击“新增画中画”按钮

步骤 07 ❶在“照片视频”界面选择前面导出的文字视频素材；❷选中“高清”复选框；❸点击“添加”按钮，如图4-54所示，即可添加视频。

步骤 08 ❶调整视频的画面大小；❷点击“混合模式”按钮，如图4-55所示。

图 4-54 点击“添加”按钮（2）

图 4-55 点击“混合模式”按钮

步骤 09 在弹出的“混合模式”面板中，选择“滤色”选项，如图4-56所示。

步骤 10 调整背景视频的时长，使其与文字素材的时长一致，如图4-57所示。

图 4-56　选择“滤色”选项

图 4-57　调整背景视频时长

步骤 11 返回一级工具栏，在视频起始位置依次点击“特效”按钮和“画面特效”按钮，如图4-58所示。

步骤 12 ❶切换至“基础”选项卡；❷选择“模糊”特效，如图4-59所示。

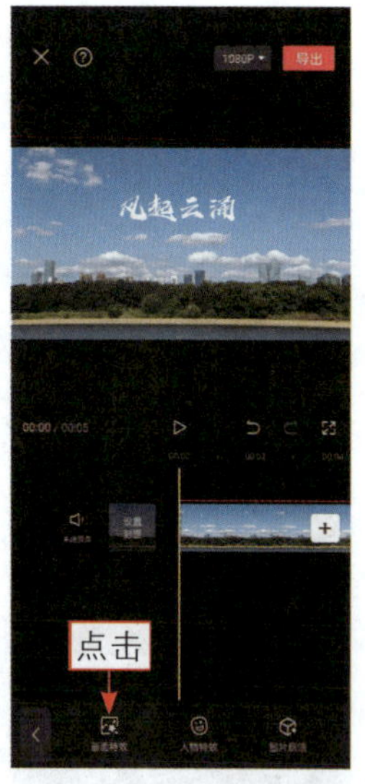

图 4-58　点击“画面特效”按钮

图 4-59　选择“模糊”特效

步骤 13 添加特效之后，点击“作用对象”按钮，如图4-60所示。

步骤 14 在弹出的“作用对象”面板中，选择“画中画”选项，如图4-61所示。

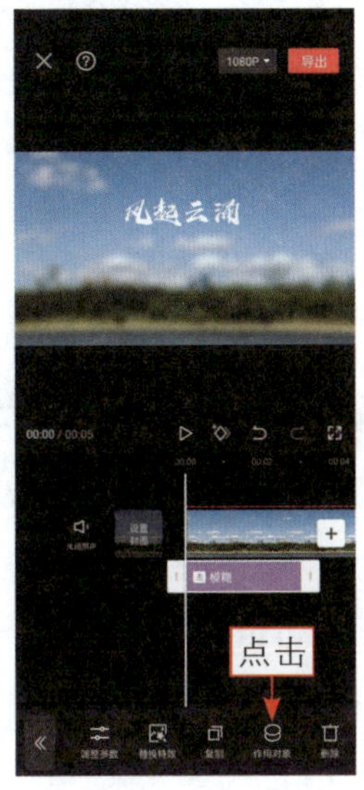

图 4-60 点击“作用对象”按钮

图 4-61 选择“画中画”选项

步骤 15 在特效的起始位置点击◇按钮，添加关键帧，如图4-62所示，即可弹出“调整参数”面板。

步骤 16 ❶拖曳时间线至特效末尾；❷添加关键帧；❸设置“模糊度”参数值为0，如图4-63所示。

图 4-62 添加关键帧

图 4-63 设置“模糊度”参数

4.3.2 文字消散

扫码看教学视频

扫码看案例效果

【效果展示】：在剪映App中，通过添加烟雾特效素材，就能制作出文字消散的效果，如图4-64所示。

图 4-64　效果展示

下面介绍在剪映App中为视频制作文字消散效果的具体操作。

步骤 01 在剪映App中导入视频素材，依次点击“文字”按钮和“新建文本”按钮，如图4-65所示。

步骤 02 ❶输入文字内容；❷在“字体”选项卡中选择合适的字体；❸调整文字的大小和位置，如图4-66所示。

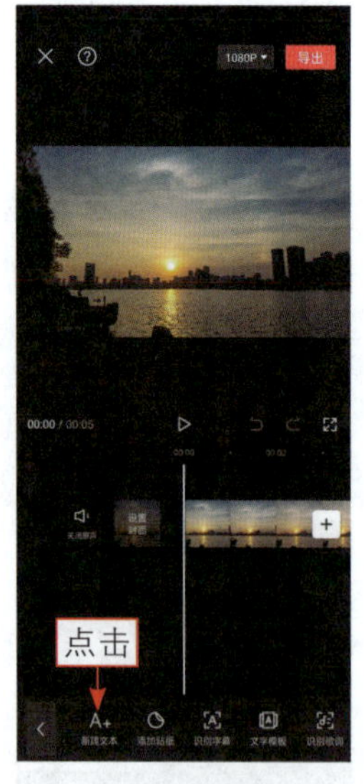

图 4-65　点击“新建文本”按钮

图 4-66　调整文字的大小和位置

步骤 03 执行操作后，❶调整文字时长与视频时长一致；❷点击“编辑”按钮，如图4-67所示。

步骤 04 进入相应的界面，❶切换至“动画”选项卡；❷选择“逐字显影”入场动画；❸设置动画时长为2.0s，如图4-68所示。

图 4-67 点击“编辑”按钮

图 4-68 设置动画时长（1）

步骤 05 ❶切换至“出场”选项区；❷选择“溶解”动画；❸设置动画时长为2.0s，如图4-69所示。

步骤 06 在“溶解”动画的起始位置依次点击“画中画”按钮和“新增画中画”按钮，如图4-70所示。

图 4-69 设置动画时长（2）

图 4-70 点击“新增画中画”按钮

步骤 07 在“素材库”界面中搜索“文字消散”，❶选择烟雾视频素材；❷选中“高清”复选框；❸点击“添加”按钮，如图4-71所示。

步骤 08 在工具栏中点击“混合模式”按钮，❶选择“滤色”选项；❷调整烟雾素材的画面大小，如图4-72所示。

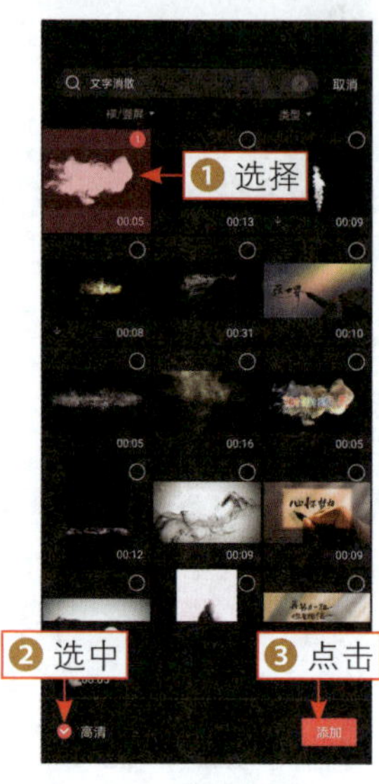

图 4-71　点击“添加”按钮

图 4-72　调整烟雾素材的画面大小

步骤 09 拖曳烟雾素材右侧的白色拉杆至视频末尾位置，如图4-73所示。

步骤 10 点击“导出”按钮，如图4-74所示，即可导出并保存视频。

图 4-73　拖曳右侧的白色拉杆

图 4-74　点击“导出”按钮

4.3.3 扫光字幕

扫码看教学视频 扫码看案例效果

【效果展示】：扫光字幕画面比较酷炫，关键在于制作出文字被光扫射，慢慢显现出来的效果，非常适合用在视频开场中，效果如图4-75所示。

图 4-75 效果展示

下面介绍在剪映App中为视频添加扫光字幕的具体操作。

步骤 01 打开剪映App，❶切换至“素材库”界面；❷在“热门”选项卡中选择黑场素材；❸选中“高清”复选框；❹点击“添加”按钮，如图4-76所示。

步骤 02 在工具栏中依次点击“文字”和“新建文本”按钮，如图4-77所示。

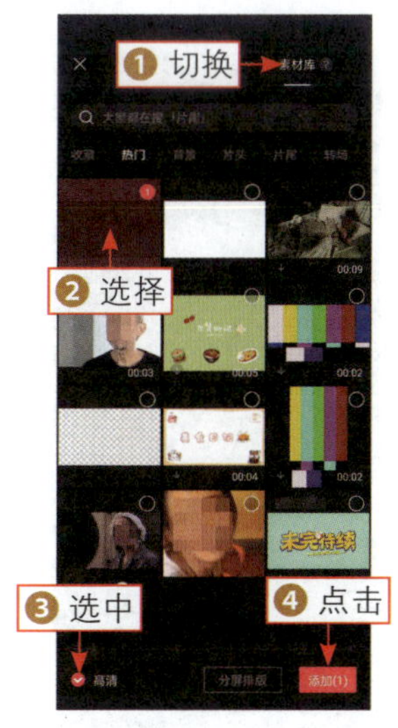

图 4-76 点击“添加”按钮

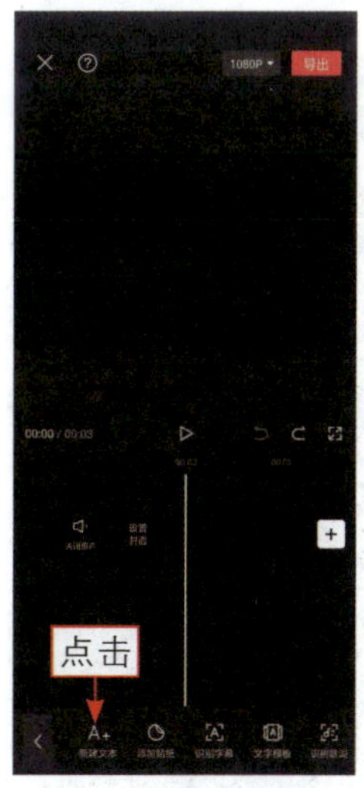

图 4-77 点击“新建文本”按钮

步骤 03 ❶添加文字；❷在“字体”选项卡中选择合适的字体，如图4-78所示。

步骤 04 ❶切换至“样式”选项卡；❷设置“字号”参数值为20；❸在预览

区域适当调整文字的位置，如图4-79所示。

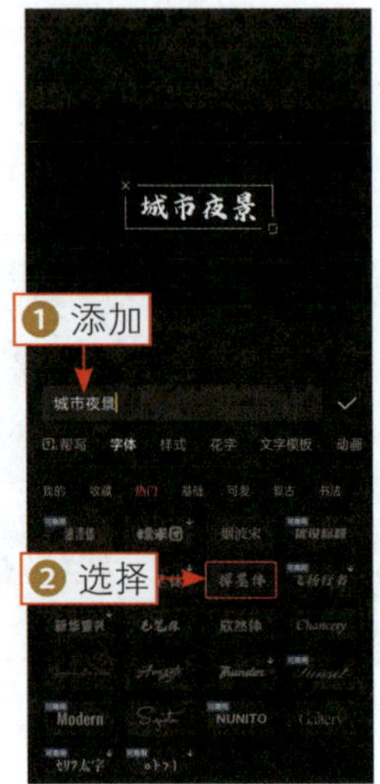

图 4-78　选择合适的字体

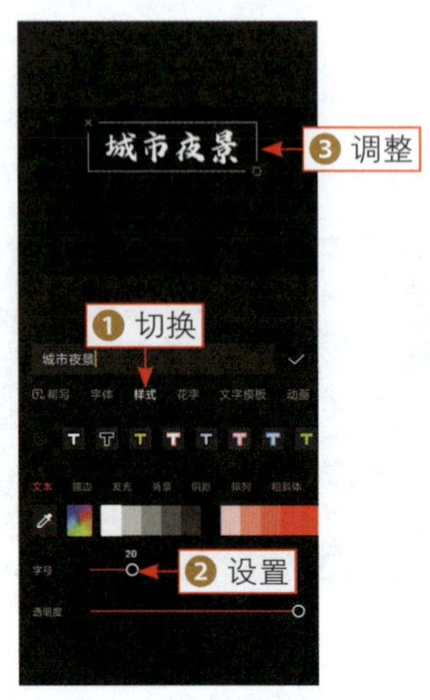

图 4-79　调整文字的位置

步骤 05 ❶调整视频和文字的时长都为5.0s；❷点击“导出”按钮导出素材，如图4-80所示。

步骤 06 导出之后回到编辑界面，点击“文字”按钮，如图4-81所示。

图 4-80　点击“导出”按钮（1）

图 4-81　点击“文字”按钮

步骤 07 双击预览区域的文字，❶在“样式”选项卡中选择灰色色块；❷点击“导出”按钮导出素材，如图4-82所示。

步骤 08 在剪映中依次导入白色文字素材和灰色文字素材，如图4-83所示。

图 4-82 点击“导出”按钮（2）

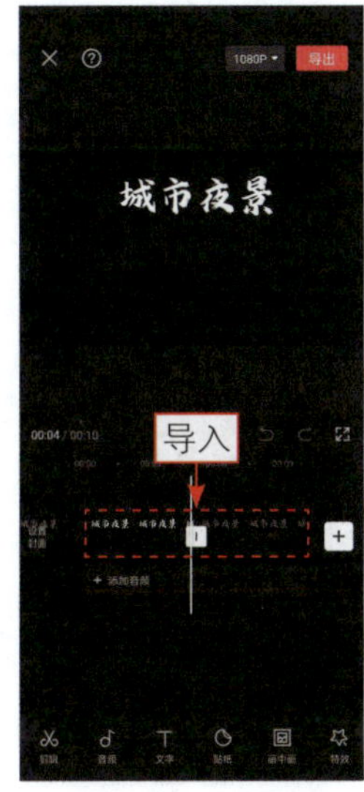

图 4-83 导入素材

步骤 09 ❶选择白色文字素材；❷点击“切画中画”按钮，如图4-84所示。

步骤 10 把素材切换至画中画轨道中之后，❶在素材起始位置点击◇按钮添加关键帧；❷点击“蒙版”按钮，如图4-85所示。

图 4-84 点击“切画中画”按钮

图 4-85 点击“蒙版”按钮

步骤 11 ❶选择“镜面”蒙版；❷调整蒙版的形状和位置，如图4-86所示。

步骤12 ❶ 拖曳时间线至视频第3s的位置；❷ 调整蒙版的位置，如图4-87所示。

图4-86　调整蒙版的形状和位置

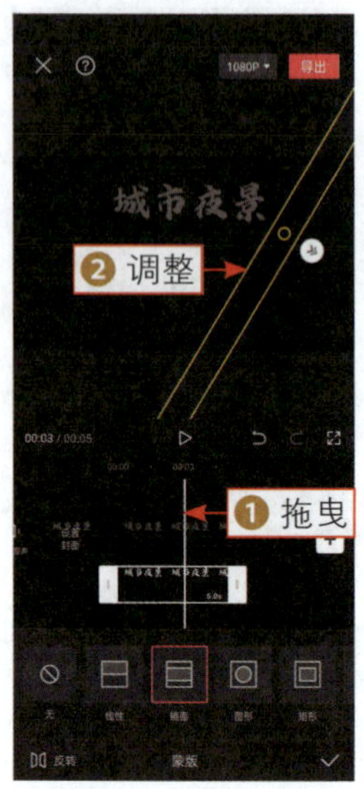

图4-87　调整蒙版的位置

步骤13 ❶拖曳时间线至视频末尾位置；❷调整蒙版的形状和位置，露出全部文字；❸点击“导出”按钮导出素材，如图4-88所示。

步骤14 在剪映中导入背景视频，依次点击“画中画”按钮和“新增画中画”按钮，如图4-89所示。

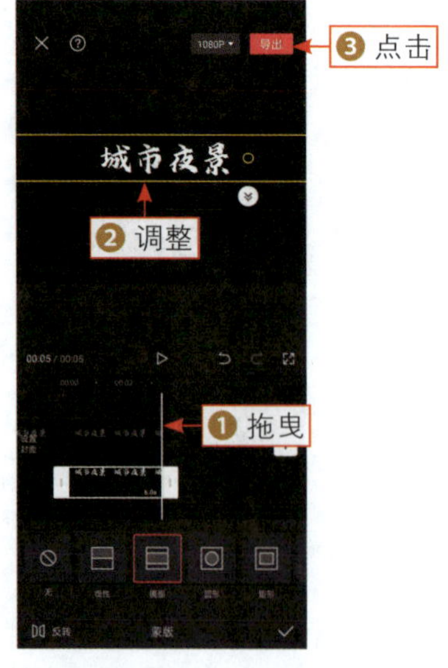

图4-88　点击“导出”按钮（3）

图4-89　点击“新增画中画”按钮

步骤 15 ❶添加刚导出的文字素材，并调整其在画面中的大小；❷点击“混合模式”按钮，如图4-90所示。

步骤 16 在弹出的“混合模式”面板中，选择“滤色”选项，如图 4-91 所示。

步骤 17 调整视频时长与文字时长一致，如图 4-92 所示，最后导出视频即可。

图 4-90　点击“混合模式”按钮　　图 4-91　选择“滤色”选项　　图 4-92　调整视频时长

4.3.4　片头字幕

扫码看教学视频

扫码看案例效果

【效果展示】：在剪映中通过“色度抠图”功能和为文字添加动画效果，就能制作出双色片头字幕，效果非常具有影视感，如图4-93所示。

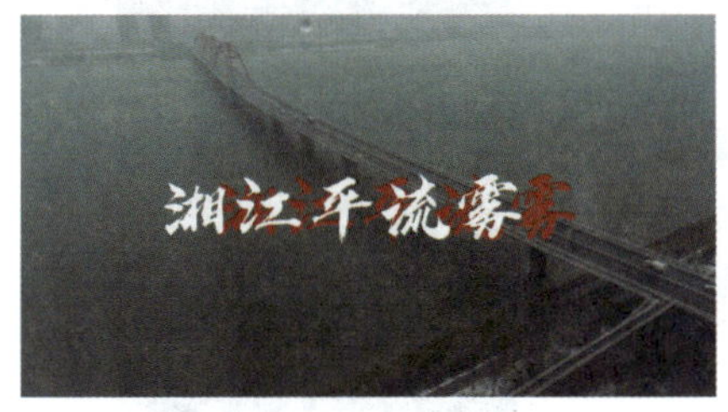

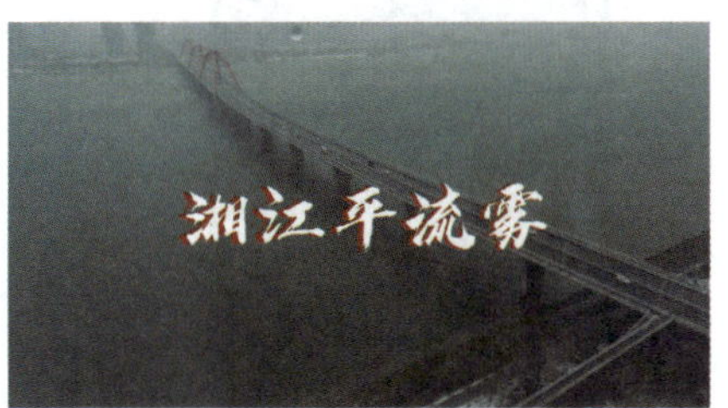

图 4-93　效果展示

下面介绍在剪映App中为视频添加片头字幕的具体操作。

步骤 01 在剪映App的“素材库”界面中，❶在“热门”选项卡中选择透明视频素材；❷选中“高清”复选框；❸点击“添加”按钮，如图4-94所示。

步骤02 依次点击“背景”按钮和“画布颜色”按钮，如图4-95所示。

图 4-94　点击“添加”按钮

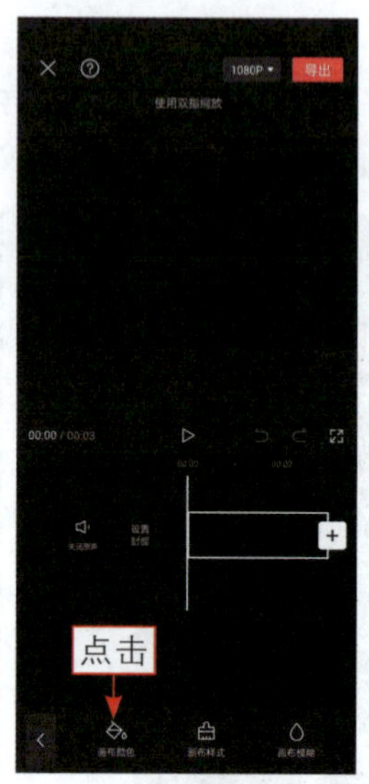

图 4-95　点击“画布颜色”按钮

步骤03 在弹出的“画布颜色”面板中，选择绿色色块，如图4-96所示，方便后期抠图。

步骤04 返回一级工具栏，依次点击“文字”按钮和“新建文本”按钮，如图4-97所示。

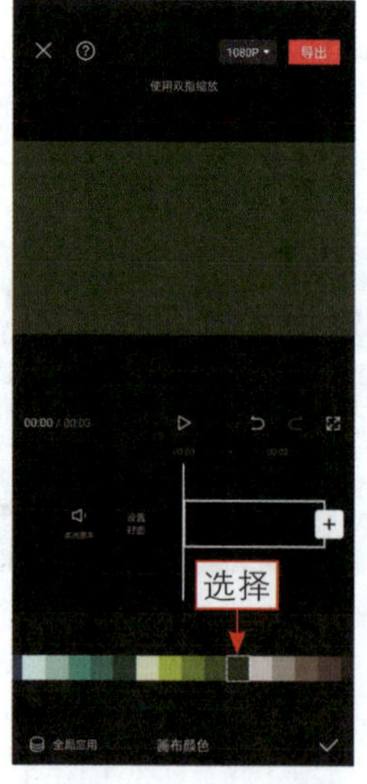

图 4-96　选择绿色色块

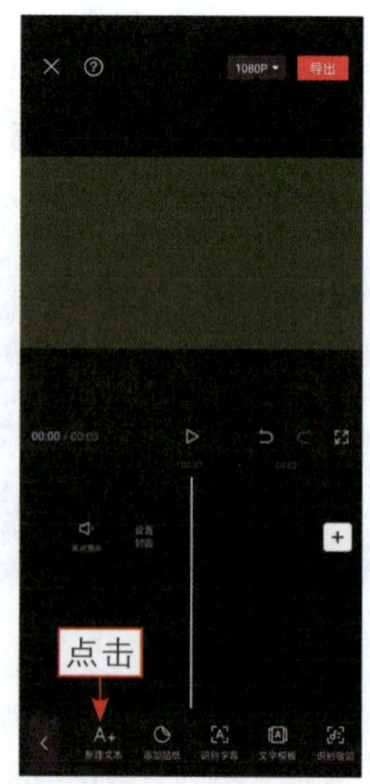

图 4-97　点击“新建文本”按钮

步骤 05 ❶添加文字；❷适当调整文字大小；❸在“字体”选项卡中选择合适的字体，如图4-98所示。

步骤 06 执行操作后，点击“导出”按钮，如图4-99所示，导出并保存视频。

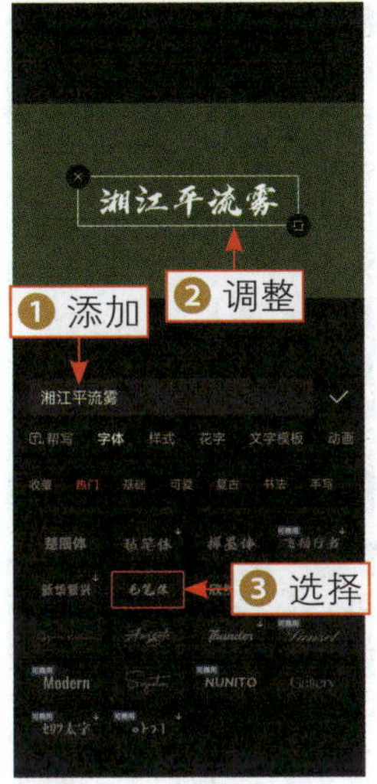

图 4-98 选择合适的字体

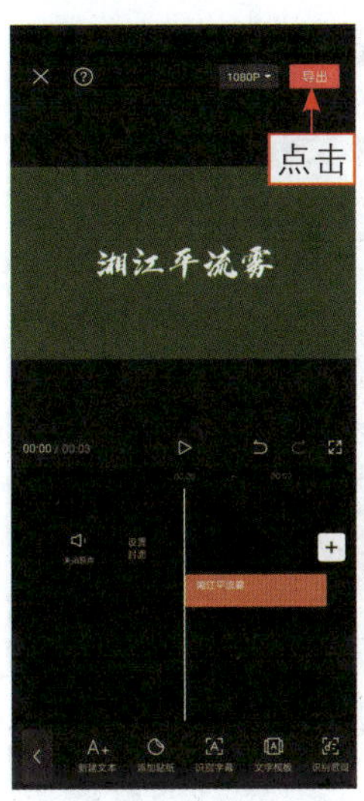

图 4-99 点击“导出”按钮（1）

步骤 07 回到编辑界面，更改文字的颜色后，点击“导出”按钮，如图4-100所示，导出并保存视频。

步骤 08 在剪映中导入背景视频，依次点击“画中画”按钮和“新增画中画”按钮，如图4-101所示。

图 4-100 点击“导出”按钮（2）

图 4-101 点击“新增画中画”按钮

步骤 09 添加红字素材后，❶调整画面大小；❷依次点击“抠像”按钮和“色度抠图”按钮，如图4-102所示。

步骤 10 拖曳取色器，对绿色进行取样，如图4-103所示。

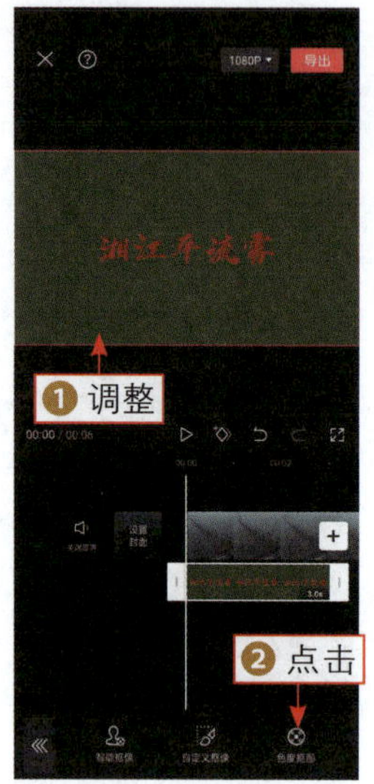

图 4-102 点击“色度抠图”按钮

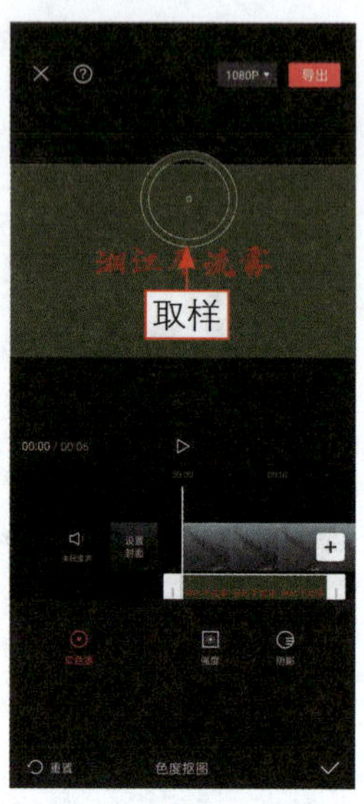

图 4-103 对绿色进行取样

步骤 11 设置“强度”参数值为10、“阴影”参数值为10，如图4-104所示。

步骤 12 用与上面相同的方法，添加白色文字素材，利用“色度抠图”功能抠出文字，并调整白色文字素材的位置，如图4-105所示，制作出立体文字效果。

图 4-104 设置“强度”和“阴影”参数

图 4-105 调整白色文字素材的位置

步骤 13 ❶选择红色文字素材；❷点击“动画”按钮，如图4-106所示。

步骤 14 在“入场动画”选项卡中，❶选择“向左滑动”动画；❷设置动画时长为1.5s，如图4-107所示。

图 4-106 点击“动画”按钮

图 4-107 设置动画时长（1）

步骤 15 用与上面相同的方法，为白色文字素材设置“向右滑动”入场动画，并设置动画时长为1.5s，如图4-108所示。

步骤 16 调整背景视频的时长，使其与文字素材时长一致，如图4-109所示。

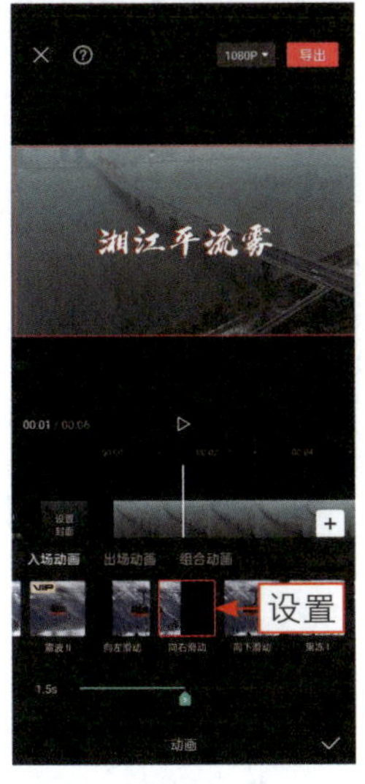

图 4-108 设置动画时长（2）

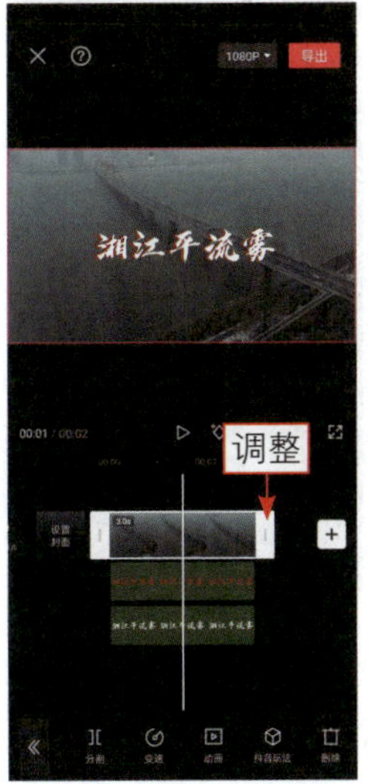

图 4-109 调整背景视频时长

4.3.5 个性字幕

扫码看教学视频

扫码看案例效果

【效果展示】：在剪映中，通过添加个性化的贴纸就能做出专属水印特效，而且不会撞风格，个性极强，效果如图4-110所示。

图 4-110 效果展示

下面介绍在剪映App中为视频添加个性字幕的具体操作。

步骤 01 在素材库中选择一段透明素材添加到剪映中，依次点击“背景”按钮和“画布颜色”按钮，如图4-111所示。

步骤 02 在“画布颜色”面板中，选择蓝色色块，如图4-112所示。

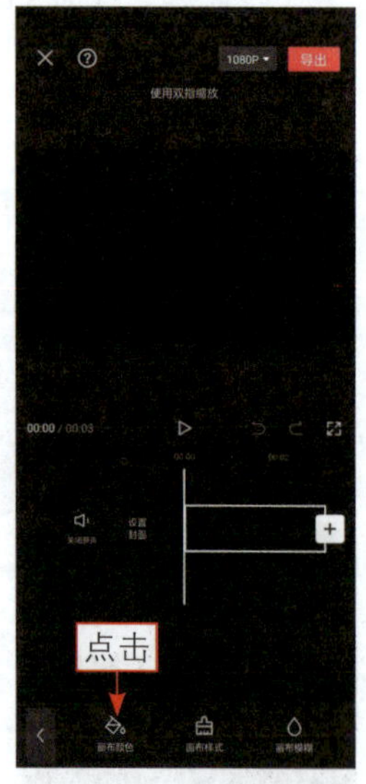

图 4-111 点击“画布颜色”按钮

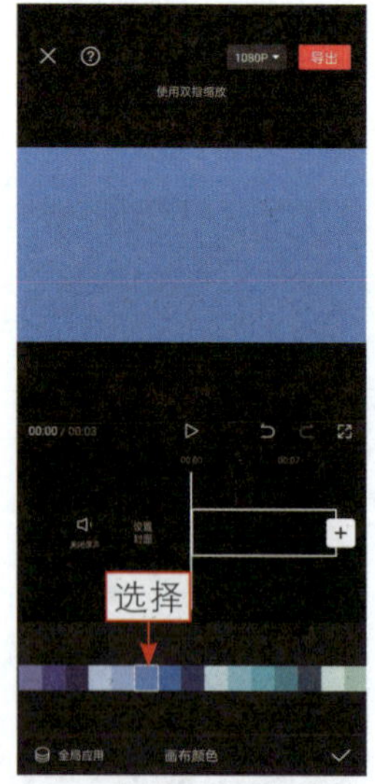

图 4-112 选择蓝色色块

步骤 03 返回一级工具栏，点击“比例”按钮，如图4-113所示。

步骤 04 在弹出的“比例”面板中，选择1:1选项，如图4-114所示。

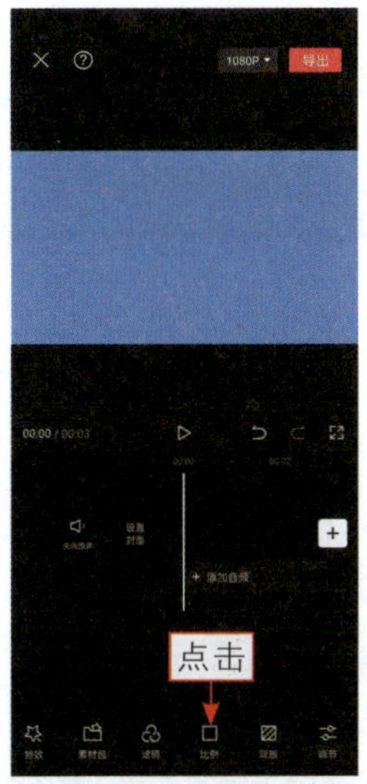

图 4-113 点击“比例”按钮

图 4-114 选择 1 ： 1 选项

步骤 05 在工具栏中依次点击“文字”按钮和“新建文本”按钮，❶添加文字；❷在“样式”选项卡中，设置“字号”参数值为50，如图4-115所示。

步骤 06 在“字体”选项卡中选择合适的字体，如图4-116所示。

图 4-115 设置“字号”参数

图 4-116 选择合适的字体

步骤 07 ❶切换至“动画”选项卡；❷在“循环”选项区中选择“晃动”动画，如图4-117所示。

步骤08 返回上一级工具栏，❶拖曳时间线至视频起始位置；❷点击“添加贴纸”按钮，如图4-118所示。

图 4-117　选择“晃动”动画

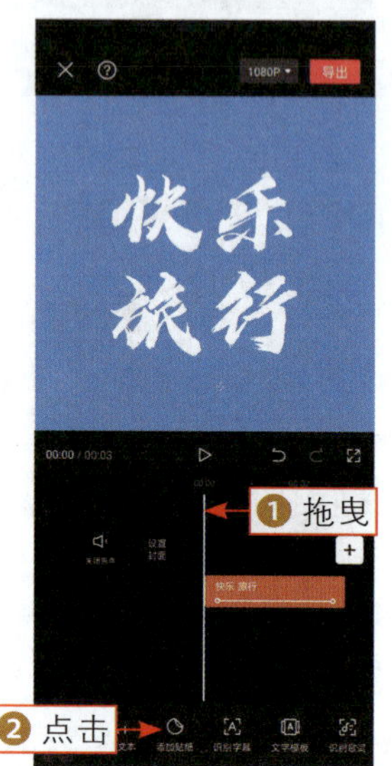

图 4-118　点击“添加贴纸”按钮

步骤09 ❶在“指示”选项卡中选择一款贴纸；❷调整贴纸的大小，如图4-119所示，最后导出并保存视频。

步骤10 在剪映中导入背景视频，依次点击“画中画”按钮和“新增画中画”按钮，如图4-120所示。

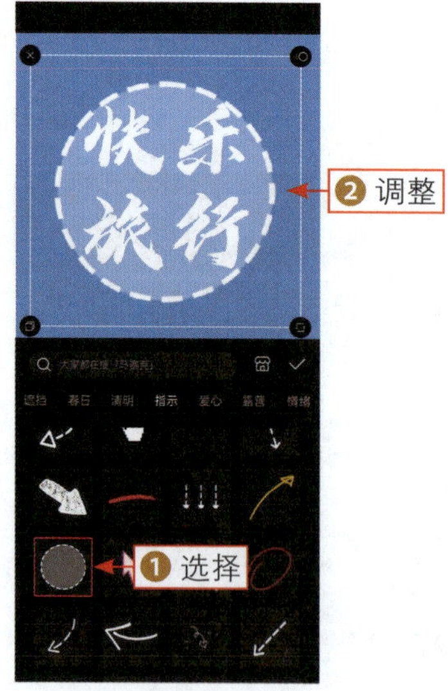

图 4-119　调整贴纸大小

图 4-120　点击“新增画中画”按钮

步骤 11 ❶添加文字素材；❷依次点击“抠像”和“色度抠图”按钮，如图4-121所示。

步骤 12 拖曳取色器，对蓝色进行取样，如图4-122所示。

图 4-121 点击“色度抠图”按钮

图 4-122 对蓝色进行取样

步骤 13 设置“强度”参数值为30，如图4-123所示，抠出文字。

步骤 14 在文字素材的起始位置，点击◇按钮添加关键帧，如图4-124所示。

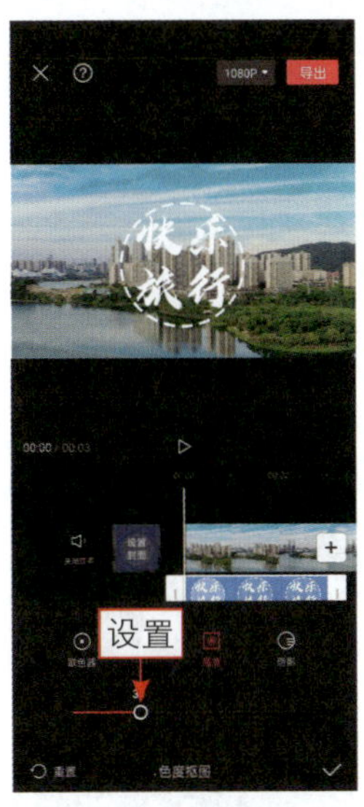

图 4-123 设置“强度”参数

图 4-124 添加关键帧

步骤15 拖曳时间线至文字素材末尾，❶调整文字的大小和位置，使其处于画面右下角；❷点击“定格”按钮，如图4-125所示。

步骤16 ❶调整定格素材的时长；❷点击“动画”按钮，如图4-126所示。

图4-125 点击“定格”按钮

图4-126 点击“动画”按钮

步骤17 ❶切换至“组合动画”选项卡；❷选择“方片转动”动画；❸设置动画时长为0.6s，如图4-127所示。

步骤18 点击“导出”按钮，如图4-128所示，即可导出并保存视频。

图4-127 设置动画时长

图4-128 点击“导出”按钮

第 5 章

灵活使用蒙版、关键帧

不同的蒙版样式能呈现不同的视觉效果，是制作视频经常使用的功能。此外，常见的“关键帧”和“抠图”也是必不可少的功能，用户可以利用这些功能制作有趣的视频。本章将用精选的案例来为大家介绍这些功能的用法。

5.1 灵活使用蒙版

蒙版是剪辑高级视频效果的必备功能。在剪映App中，无论是电脑版，还是手机版，其“蒙版”功能都足以支撑用户剪辑出一些精美的视频效果。

5.1.1 蒙版渐变

扫码看教学视频

扫码看案例效果

【效果展示】：本例用到的蒙版形状是圆形的，因此渐变的范围也是由小圆形慢慢放大的，达到从内到外颜色渐变的效果，由黑白色变成彩色，如图5-1所示。

图 5-1 效果展示

下面介绍在剪映App中制作蒙版渐变视频的具体操作。

步骤 01 在剪映App中导入一段视频素材，❶选择素材；❷点击“复制”按钮，如图5-2所示，即可复制素材。

步骤 02 ❶选择第1段素材；❷点击“切画中画”按钮，如图5-3所示，把素材切换至画中画轨道中。

图 5-2 点击“复制”按钮

图 5-3 点击“切画中画”按钮

步骤 03 ❶选择视频轨道中的素材；❷点击“滤镜”按钮，如图5-4所示。

步骤 04 进入“滤镜”选项卡，在“黑白”选项区中选择“默片”滤镜，如图5-5所示。

图 5-4 点击“滤镜”按钮

图 5-5 选择“默片”滤镜

步骤05 ❶选择画中画轨道中的素材；❷在起始位置点击◇按钮添加关键帧；❸点击“蒙版”按钮，如图5-6所示。

步骤06 ❶选择“圆形”蒙版；❷调整蒙版的形状至最小；❸拖曳≫按钮羽化边缘，如图5-7所示。

图 5-6　点击“蒙版”按钮

图 5-7　拖曳相应的按钮

步骤07 ❶拖曳时间线至视频末尾；❷放大蒙版，露出全部画面，如图5-8所示。

步骤08 执行操作后，点击“导出”按钮，如图5-9所示，即可导出视频。

图 5-8　放大蒙版

图 5-9　点击“导出”按钮

5.1.2 蒙版转场

扫码看教学视频

扫码看案例效果

【效果展示】：除了“圆形”蒙版，剪映App中还有“线性”蒙版。运用“线性”蒙版可以制作转场，实现画面无缝切换的效果，如图5-10所示。

图 5-10 效果展示

下面介绍在剪映App中通过蒙版制作画面无缝切换效果的具体操作。

步骤 01 导入第1段视频，在第2s的位置点击“画中画”按钮，如图5-11所示。

步骤 02 在二级工具栏中，点击“新增画中画”按钮，如图5-12所示。

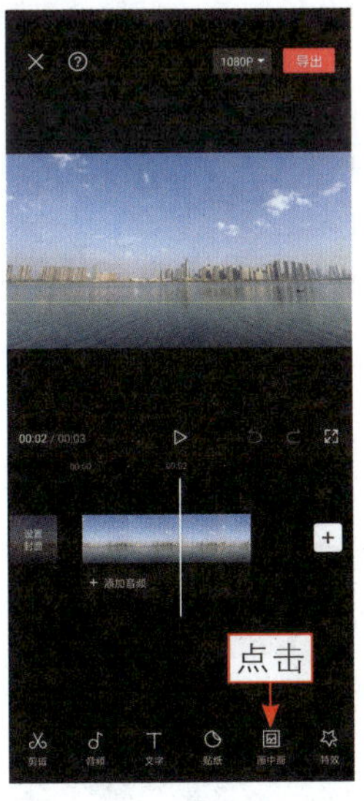

图 5-11 点击“画中画”按钮

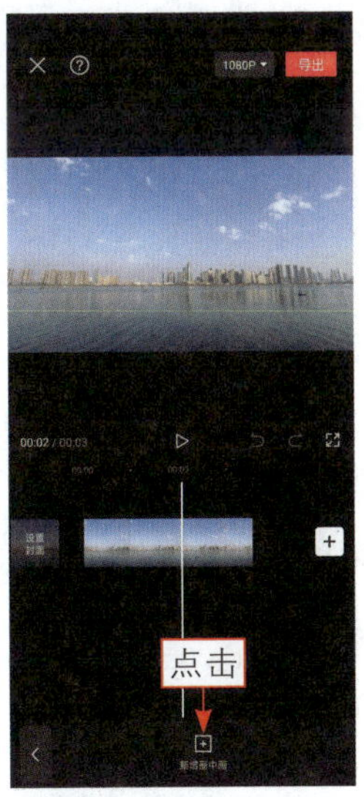

图 5-12 点击“新增画中画”按钮

步骤 03 进入“照片视频”界面，在“视频”选项卡中，❶选择相应的视频；❷选中“高清”复选框；❸点击“添加”按钮，如图5-13所示，即可添加视频。

步骤 04 在预览区中调整素材的画面大小，如图5-14所示。

图 5-13　点击“添加”按钮

图 5-14　调整素材的画面大小

步骤 05 在画中画轨道中素材的起始位置，①点击按钮添加关键帧；②点击“蒙版”按钮，如图5-15所示。

步骤 06 ①选择“线性”蒙版；②调整蒙版线的角度和位置，使其处于画面最右边；③拖曳按钮羽化边缘，如图5-16所示。

图 5-15　点击“蒙版”按钮

图 5-16　拖曳相应的按钮

步骤 07 ①拖曳时间线至视频末尾；②调整蒙版线的位置，如图5-17所示，使其处于画面最左边。

步骤 08 为视频添加合适的背景音乐，如图5-18所示。

图 5-17 调整蒙版线的位置

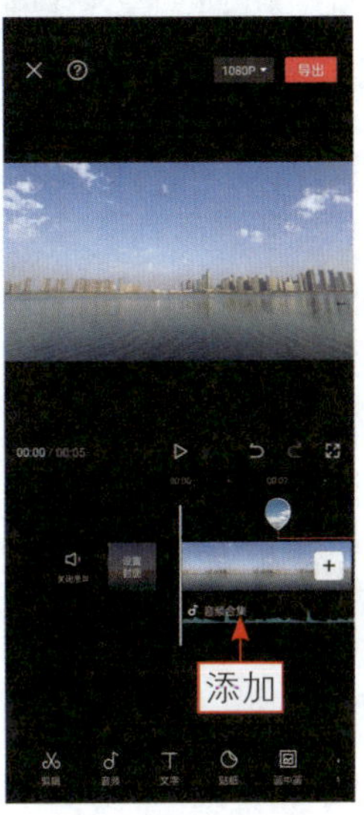

图 5-18 添加背景音乐

5.1.3 蒙版分身

扫码看教学视频

扫码看案例效果

【效果展示】：对于在同一场景拍摄的不同位置的视频，可以运用“蒙版”功能将视频合成在一起，实现分身的效果，如图5-19所示。

图 5-19 效果展示

下面介绍在剪映App中利用蒙版制作分身效果的具体操作。

步骤 01 在剪映App中导入两段视频素材，❶选择第1段素材；❷点击“切画中画”按钮，如图5-20所示。

步骤 02 把素材切换至画中画轨道中之后，❶调整素材时长与第1段素材时长一致；❷点击“蒙版”按钮，如图5-21所示。

图 5-20 点击“切画中画”按钮

图 5-21 点击“蒙版”按钮

步骤 03 ❶选择“线性”蒙版；❷调整蒙版线的角度和位置，如图5-22所示。

步骤 04 返回一级工具栏，在视频素材的起始位置依次点击“特效”|“画面特效”按钮，如图5-23所示。

图 5-22 调整蒙版线的角度和位置

图 5-23 点击“画面特效”按钮

步骤 05 ❶切换至“金粉”选项卡；❷选择“金粉”特效，如图5-24所示。

步骤 06 执行操作后，❶调整特效的时长与素材时长一致；❷点击“作用对象”按钮，如图5-25所示。

图 5-24 选择“金粉”特效

图 5-25 点击“作用对象”按钮

步骤 07 在弹出的“作用对象”面板中，点击“全局”按钮，如图5-26所示，即可全局应用特效。

步骤 08 最后为视频添加合适的背景音乐，点击“导出”按钮，如图5-27所示，即可导出并保存视频。

图 5-26 点击“全局”按钮

图 5-27 点击“导出”按钮

5.2 灵活使用关键帧

关键帧可以理解为运动的起始点或者转折点，通常制作一个动画最少需要两个关键帧才能完成，第1个关键帧的参数会根据播放进度，慢慢变为第2个关键帧的相关参数，从而形成运动效果。

5.2.1 滚动字幕

扫码看教学视频

扫码看案例效果

【效果展示】：滚动字幕用到的最主要的功能就是“关键帧”功能，让字幕由下往上慢慢滚动显示，这种样式的字幕也经常被用在影视片尾中，如图5-28所示。

图5-28 效果展示

下面介绍在剪映App中制作滚动字幕的具体操作。

步骤01 在剪映App中导入一段视频素材，依次点击“文字”|“新建文本”按钮，如图5-29所示。

步骤02 ❶输入谢幕文字；❷在预览区域适当调整文字的位置；❸在“字体”选项卡中选择合适的字体，如图5-30所示。

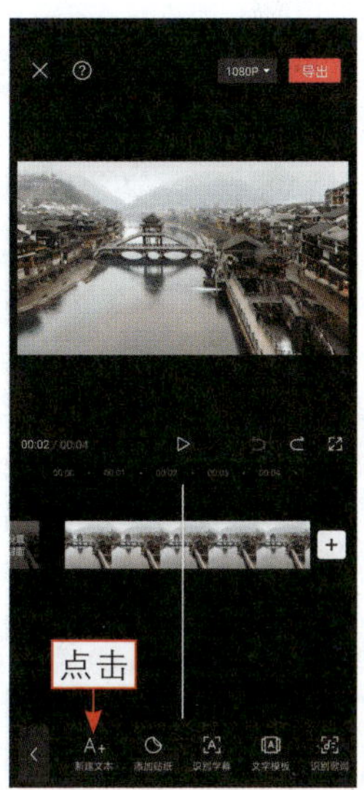

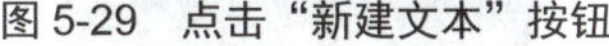

图 5-29　点击“新建文本”按钮

图 5-30　选择合适字体

步骤 03 ❶切换至“样式”选项卡；❷设置“字号”参数值为10，如图5-31所示，缩小文字。

步骤 04 调整文字的时长，使其与视频的时长一致，如图5-32所示。

图 5-31　设置“字号”参数

图 5-32　调整文字的时长

步骤 05 在文字的起始位置，❶点击按钮添加关键帧；❷调整文字的位置，如图5-33所示。

步骤06 ❶拖曳时间线至文字末尾；❷调整文字的位置，如图5-34所示，最后导出视频即可。

图 5-33 调整文字的位置（1）

图 5-34 调整文字的位置（2）

5.2.2 滑屏Vlog

扫码看教学视频

扫码看案例效果

【效果展示】：滑屏Vlog适合用在多个场景具有相似性的视频中，将多个视频展示在同一个画面中，这个效果也很适合用在旅游视频中，如图5-35所示。

图 5-35 效果展示

下面介绍在剪映App中制作滑屏Vlog的具体操作。

步骤 01 在剪映App中导入一段视频素材，点击“比例”按钮，如图5-36所示。

步骤 02 在弹出的“比例”面板中选择9：16选项，如图5-37所示。

图 5-36 点击“比例”按钮（1）

图 5-37 选择 9 ： 16 选项

步骤 03 依次点击“背景”|“画布颜色”按钮，如图5-38所示。

步骤 04 在“画布颜色”面板中，选择淡蓝色色块，如图 5-39 所示，设置背景。

图 5-38 点击“画布颜色”按钮

图 5-39 选择淡蓝色色块

步骤 05 返回一级工具栏，依次点击“画中画”|“新增画中画”按钮，如图5-40所示。

步骤 06 进入“照片视频”界面，在“视频”选项卡中，❶选择相应的视频；❷选中“高清”复选框；❸点击“添加”按钮，如图5-41所示，添加第2段视频素材。

图 5-40　点击“新增画中画”按钮

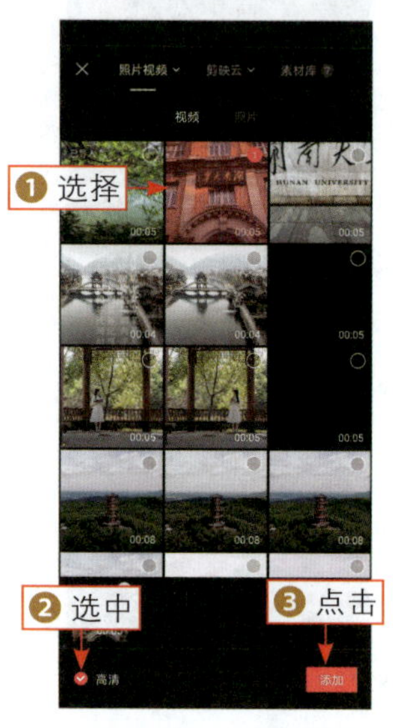

图 5-41　点击“添加”按钮

步骤 07 依次点击“变速”按钮和“常规变速”按钮，如图5-42所示。

步骤 08 设置“变速”参数为0.9x，并将素材时长调整为与视频时长一致，如图5-43所示。

步骤 09 用同样的方法，在画中画轨道中添加第3段素材，并同样进行“常规变速”和调整时长处理，如图5-44所示。

步骤 10 ❶调整3段素材在画面中的位置；❷点击“导出”按钮，如图5-45所示，导出素材。

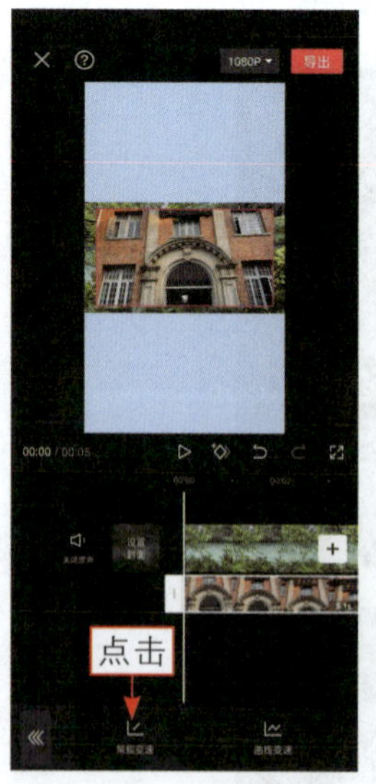

图 5-42　点击“常规变速”按钮

图 5-43　调整素材时长（1）

图 5-44 调整素材时长（2）

图 5-45 点击“导出”按钮

步骤 11 在剪映中导入刚才导出的素材，点击“比例”按钮，如图5-46所示。

步骤 12 在弹出的“比例”面板中选择16：9选项，如图5-47所示。

图 5-46 点击“比例”按钮（2）

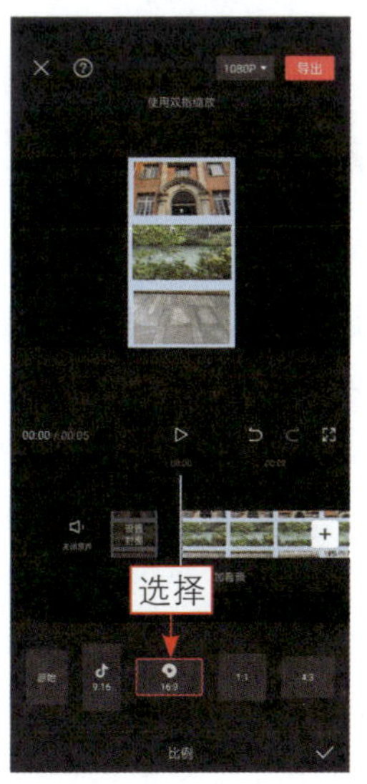

图 5-47 选择 16 ：9 选项

步骤 13 ❶在视频起始位置点击◈按钮添加关键帧；❷调整素材的画面大小和位置，使画面最上方的位置为视频起始画面，如图5-48所示。

步骤 14 ❶拖曳时间线至视频末尾；❷调整素材的位置，使画面的最下方位置为视频末尾画面，如图5-49所示，最后为视频添加合适的背景音乐，即可导出并保存视频。

图 5-48　调整素材画面大小和位置

图 5-49　调整素材的位置

5.3　灵活使用抠图

抠图是常用的处理图片或影像的方式，具体是指将图片或影像中的某一部分分离出来，然后保存为单独的图层。这些单独的图层可以与另一图层组合为新的图层，帮助用户实现那些在现实中难以企及的想法，例如实现想象中的上天入地、跨越时空、翱翔外太空等。

5.3.1　色度抠图

【效果展示】：利用“色度抠图”功能可以去除绿幕素材中的绿色，将视频素材显示出来，这样就能将视频素材运用在不同的场景中，例如将播放视频的手机屏幕逐渐放大到全屏，效果如图5-50所示。

扫码看教学视频　扫码看案例效果

图 5-50 效果展示

下面介绍在剪映App中使用“色度抠图”功能制作视频的具体操作。

步骤 01 在剪映中导入视频素材和绿幕素材，❶选择绿幕素材；❷在二级工具栏中点击“切画中画”按钮，如图5-51所示。

步骤 02 按住绿幕素材并将其拖曳至相应位置，如图5-52所示，使其与视频素材的起始位置对齐。

步骤 03 ❶选择绿幕素材；❷点击“抠像”|“色度抠图”按钮，如图5-53所示。

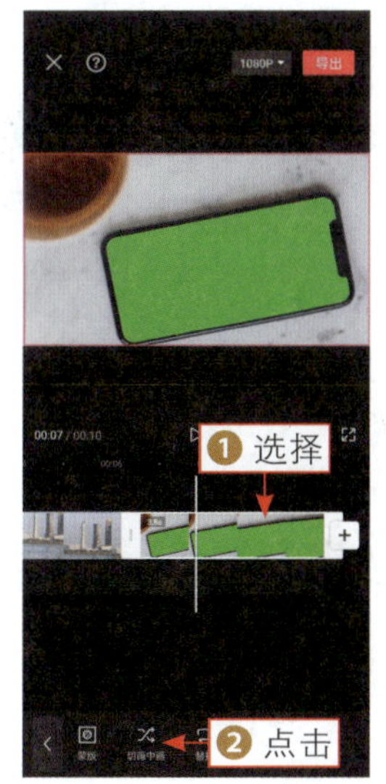

图 5-51 点击“切画中画”按钮

图 5-52 拖曳至相应位置

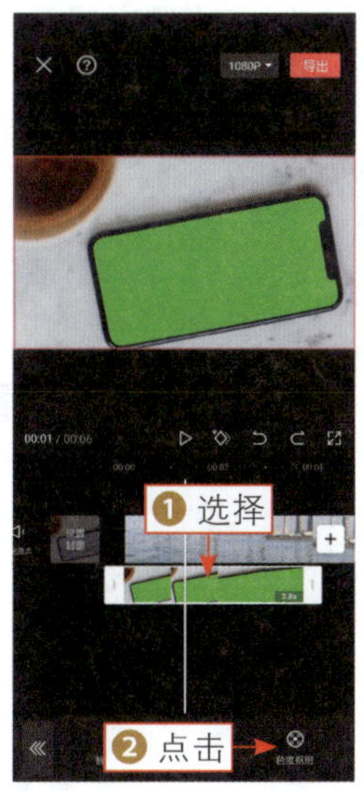

图 5-53 点击“色度抠图”按钮

步骤 04 在预览区域拖曳取色器，如图5-54所示，对画面中的绿色进行取样。

步骤 05 ❶选择“强度”选项；❷拖曳滑块，设置其参数值为100，如图5-55所示。

步骤 06 ❶选择“阴影”选项；❷拖曳滑块，设置其参数值为100，如图5-56所示。

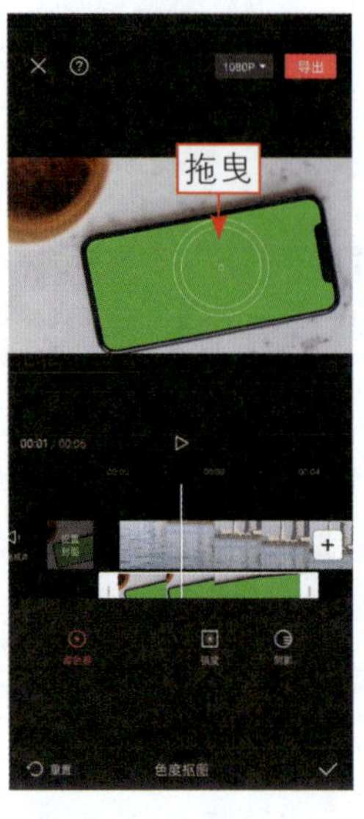

图 5-54 拖曳取色器

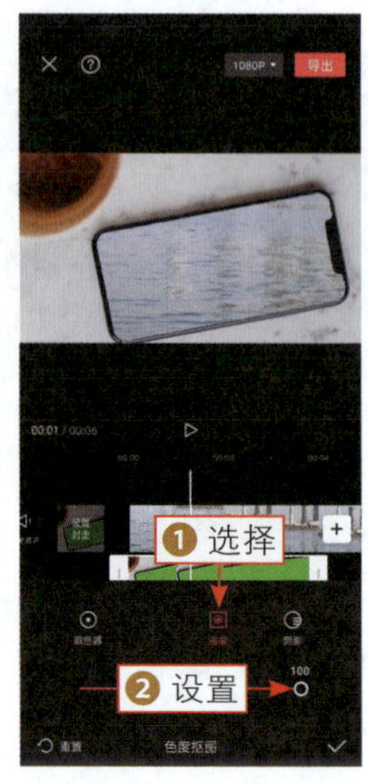

图 5-55 设置“强度”参数

图 5-56 设置“阴影”参数

5.3.2 智能抠像

【效果展示】：在剪映中运用“智能抠像”功能将人像抠出来，就能制作出新颖酷炫的人物出框效果。比如，原本人物在边框内，伴随着炸开的星火出现在相框之外，非常新奇有趣，效果如图5-57所示。

扫码看教学视频

扫码看案例效果

图 5-57 效果展示

下面介绍在剪映App中使用“智能抠图”功能制作视频的具体操作。

步骤 01 在剪映App中导入第1张照片素材，将素材的时长调整为4.0s，如

图5-58所示。

步骤02 返回一级工具栏，依次点击“特效”按钮和“画面特效”按钮，如图5-59所示。

图 5-58 调整素材的时长

图 5-59 点击“画面特效”按钮

步骤03 在特效素材库的“边框”选项卡中，选择“原相机”特效，如图5-60所示，并调整特效的持续时长与素材时长一致。

步骤04 在工具栏中点击“作用对象”按钮，在弹出的“作用对象”面板中，点击“全局”按钮，如图5-61所示。

步骤05 ❶在预览区域中调整素材在画面中的位置；❷点击“导出”按钮，如图5-62所示，将视频导出备用。

步骤06 返回视频编辑界面，❶选择照片素材；❷点击“替换”按钮，如图5-63所示，在“照片视频”界面中选择第2张照片素材，即可完成素材的替换。

图 5-60 选择“原相机”特效

图 5-61 点击“全局”按钮（1）

图 5-62　点击“导出”按钮（1）

图 5-63　点击“替换”按钮

步骤 07 ❶调整画面大小；❷点击“导出”按钮，如图5-64所示，导出第2个视频备用。

步骤 08 新建一个草稿文件，❶在视频轨道中导入之前导出的两段视频素材，在画中画轨道的适当位置导入与视频对应的照片素材；❷在预览区域中调整照片素材的位置，如图5-65所示。

图 5-64　点击“导出”按钮（2）

图 5-65　调整照片素材的位置

步骤 09 选择第1张照片素材，依次点击“抠像”按钮和“智能抠像”按钮，如图5-66所示，抠出人像。

步骤 10 返回一级工具栏，点击“比例”按钮，在“比例”面板中选择9：16选项，如图5-67所示。

图 5-66 点击“智能抠像”按钮

图 5-67 选择 9 ： 16 选项

步骤 11 执行操作后，在预览区域调整视频素材和照片素材的位置与大小，如图5-68所示。

步骤 12 用与上面相同的方法，抠出第2张照片素材的人像，并在预览区域调整视频和照片的位置与大小，如图5-69所示。

步骤 13 拖曳时间线至视频起始位置，为视频添加“氛围”选项卡中的“关月亮”特效和“星火炸开”特效，调整两段特效的位置和时长，如图5-70所示。

步骤 14 选择“星火炸开”特效，在工具栏中点击“作用对象”

图 5-68 调整素材的位置与大小（1）

图 5-69 调整素材的位置与大小（2）

按钮，在弹出的“作用对象”面板中点击“全局”按钮，如图5-71所示。

图 5-70　调整两段特效的位置和时长

图 5-71　点击“全局”按钮（2）

步骤 15 用与上面相同的方法，为第2段素材添加“关月亮”特效和“星火炸开”特效，调整两段特效的位置和时长，并更改“星火炸开”特效的作用对象，如图5-72所示。

步骤 16 选择画中画轨道中的第1张照片，点击“动画”按钮，❶在“入场动画”选项卡中选择“向左滑动”动画；❷设置动画时长为1.0s，如图5-73所示。

图 5-72　更改“星火炸开”特效的作用对象

图 5-73　设置动画时长（1）

步骤 17 用同样的方法，为画中画轨道中的第2张照片素材添加“向左滑动”入场动画，并设置动画时长为1.0s，如图5-74所示。

步骤 18 为视频添加合适的背景音乐，如图5-75所示。

图 5-74　设置动画时长（2）

图 5-75　添加合适的背景音乐

第 6 章

巧妙添加特效

在短视频平台上，经常可以刷到很多特效视频，画面炫酷又神奇，非常受大众的喜爱，轻轻松松就能收获百万点赞。本章将介绍多种特效的制作技巧，帮助用户轻松制作特效视频。

6.1 添加特效

剪映App的功能非常全面，在剪映App中可以为视频添加各种特效，打造精彩的爆款短视频。本节将为大家介绍如何为视频添加“开幕Ⅱ”特效和“下雨”特效。

6.1.1 开幕特效

【效果展示】：剪映App的“基础”特效选项卡中有很多开幕特效，运用电影开幕特效可以制作电影感片头，效果如图6-1所示。

扫码看教学视频

扫码看案例效果

图6-1 效果展示

下面介绍在剪映App中为视频添加开幕特效的具体操作。

步骤 01 在剪映App中导入素材，点击“特效”按钮，如图6-2所示。

步骤 02 在工具栏中点击“画面特效”按钮，如图6-3所示。

图 6-2 点击“特效”按钮

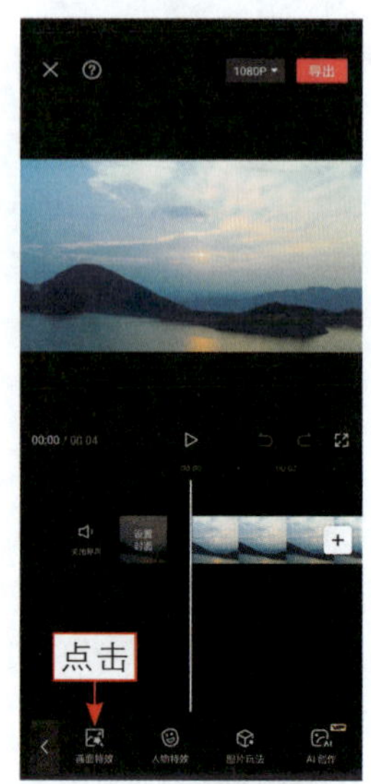

图 6-3 点击“画面特效”按钮

步骤 03 ❶切换至“基础”选项卡；❷选择“开幕Ⅱ”特效，如图6-4所示。

步骤 04 在“开幕Ⅱ”特效的末尾依次点击“文字”按钮和“新建文本”按钮，如图6-5所示。

图 6-4 选择“开幕Ⅱ”特效

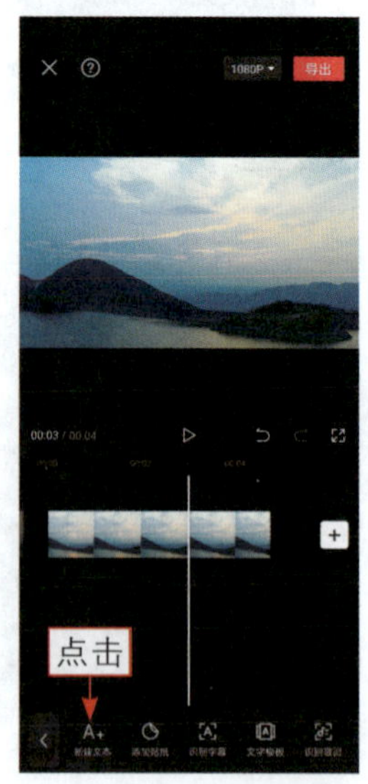

图 6-5 点击“新建文本”按钮

步骤 05 ❶输入文字内容；❷在“字体”选项卡中选择合适的字体，如图6-6所示。

步骤 06 调整文字的时长，使其末端与视频的末尾位置对齐，如图6-7所示。

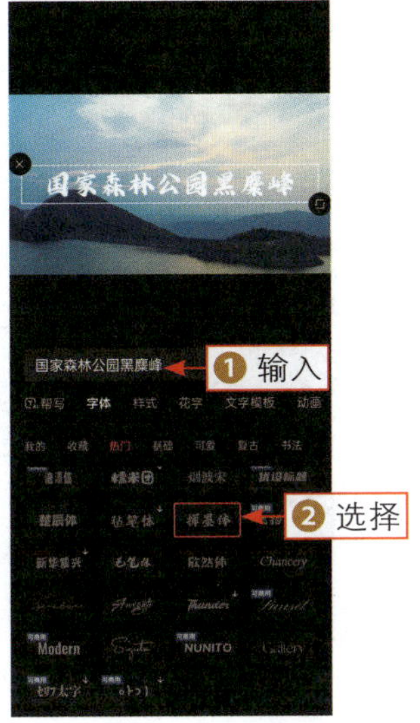

图 6-6　选择合适的字体

图 6-7　调整文字的时长

6.1.2　下雨特效

【效果展示】：剪映App的“自然”特效选项卡中有丰富的特效，比如雨、雾以及花特效等。用户可以在视频中添加“下雨”特效，让画面呈现出下雨时的景色，效果如图6-8所示。

扫码看教学视频

扫码看案例效果

图 6-8　效果展示

下面介绍在剪映App中为视频添加“下雨”特效的具体操作。

步骤 01 在剪映App中导入素材，点击“特效”按钮，如图6-9所示。

步骤 02 在工具栏中点击“画面特效”按钮，如图6-10所示。

图 6-9　点击“特效”按钮

图 6-10　点击“画面特效”按钮

步骤 03 ①切换至“自然”选项卡；②选择“下雨”特效，如图6-11所示。

步骤 04 ①调整“下雨”特效的时长，使其与视频时长一致；②点击“调整参数”按钮，如图6-12所示。

图 6-11　选择“下雨”特效

图 6-12　点击“调整参数”按钮

步骤 05 设置“速度”参数值为20，如图6-13所示，让特效变化的速度变慢一些。

步骤 06 设置“不透明度”参数值为80，如图6-14所示，让雨水变得更清晰。

图 6-13 设置“速度”参数

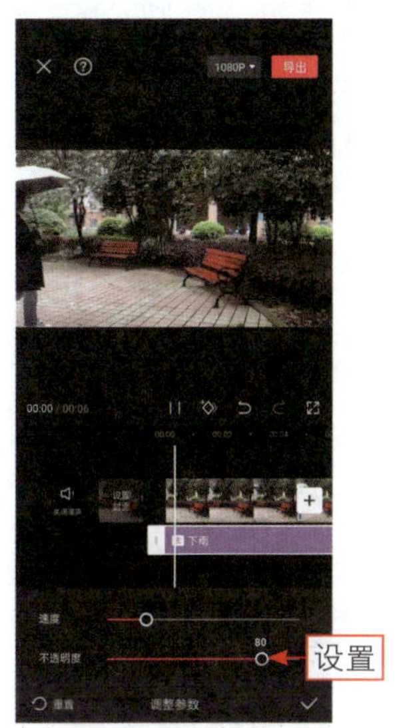

图 6-14 设置“不透明度”参数

6.2 制作特效

剪映App的功能非常强大，用户除了可以添加剪映自带的特效，还可以制作特效，例如水墨转场特效、图片变动态视频和水印遮盖特效。

6.2.1 水墨转场特效

扫码看教学视频

扫码看案例效果

【效果展示】：在剪映App中，为多段古风图片添加“水墨”转场，可以制作出唯美的国风视频，效果如图6-15所示。

图 6-15 效果展示

下面介绍在剪映App中制作水墨转场特效视频的方法。

步骤01 ❶在剪映App中导入3张图片素材；❷点击第1张图片和第2张图片中间的 I 按钮，如图6-16所示。

步骤02 执行操作后，进入“转场”面板，❶切换至“叠化”选项卡；❷选择“水墨”转场；❸拖曳滑块，调整转场时长为1.5s，如图6-17所示。

图6-16　点击相应的按钮

图6-17　调整转场时长

步骤03 用与上面相同的方法，在第2张图片和第3张图片之间添加“水墨”转场，如图6-18所示。

步骤04 最后添加合适的背景音乐，如图6-19所示。

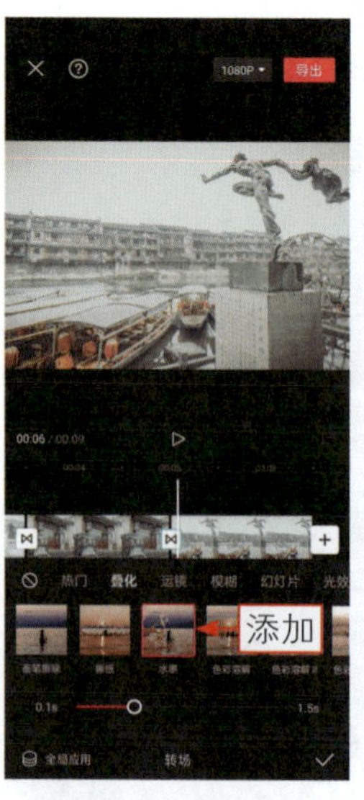

图6-18　添加“水墨”转场

图6-19　添加背景音乐

6.2.2 图片变动态视频

扫码看教学视频

扫码看案例效果

【效果展示】：在剪映中，运用关键帧功能可以将横版的全景图片变为动态的竖版视频，方法非常简单，效果如图6-20所示。

图 6-20 效果展示

下面介绍在剪映App中制作图片变成动态视频的操作。

步骤 01 在剪映App中导入全景图片，并调整其时长为15.0s，如图6-21所示。

步骤 02 在工具栏中，点击“比例”按钮，如图6-22所示。

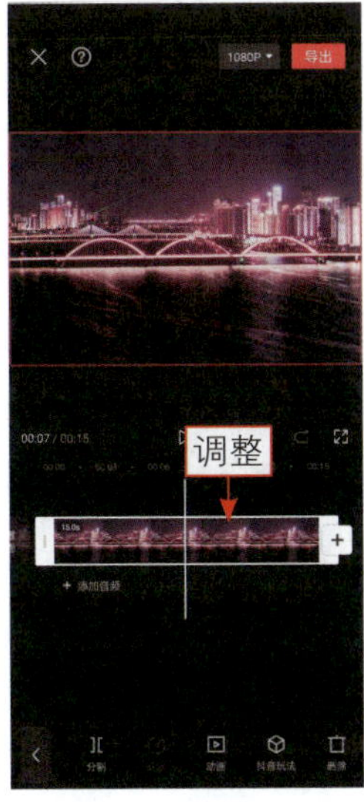

图 6-21 调整图片时长

图 6-22 点击“比例”按钮

步骤 03 在弹出的“比例”面板中，选择9：16选项，如图6-23所示。

步骤 04 ❶选择素材；❷在视频起始位置点击◇按钮添加关键帧；❸调整图片的画面大小和位置，使图片的最左边为视频的起始，如图6-24所示。

图 6-23 选择 9 ：16 选项

图 6-24 调整图片的大小和位置

步骤 05 ❶拖曳时间线至视频末尾；❷调整图片的位置，使图片的最右边为视频的末尾，如图6-25所示。

步骤 06 最后为视频添加合适的背景音乐，如图6-26所示。

图 6-25 调整图片的位置

图 6-26 添加背景音乐

6.2.3 水印遮盖特效

扫码看教学视频

扫码看案例效果

【效果展示】：当要用来剪辑的视频中有水印时，可以通过剪映的“模糊”特效和“矩形”蒙版，遮挡视频中的水印，原图与效果图对比如图6-27所示。

图 6-27 原图与效果图对比展示

下面介绍在剪映App中制作水印遮盖特效视频的方法。

步骤 01 ❶在剪映App中导入水印视频素材；❷点击“特效”按钮和“画面特效”按钮，如图6-28所示。

步骤 02 在“基础”选项卡中，选择“模糊”特效，如图6-29所示。

图 6-28 点击“画面特效”按钮

图 6-29 选择“模糊”特效

步骤 03 调整特效时长与视频时长一致，如图6-30所示。

步骤 04 将视频导出后返回剪辑界面，点击“特效”按钮后，❶选择“模糊”特效；❷点击“删除”按钮，如图6-31所示。

图 6-30　调整特效时长

图 6-31　点击“删除”按钮

步骤 05 返回一级工具栏，依次点击“画中画”按钮和“新增画中画”按钮，❶将导出的模糊视频重新导入画中画轨道中；❷在预览窗口中，调整模糊视频的大小；❸点击“蒙版”按钮，如图6-32所示。

步骤 06 进入“蒙版”面板，❶选择“矩形”蒙版；❷在预览窗口中调整蒙版的位置、大小以及羽化程度，如图6-33所示。

图 6-32　点击“蒙版”按钮

图 6-33　调整蒙版的位置、大小和羽化程度

第 7 章

专业修炼音频

音频是短视频中非常重要的元素，选择好的背景音乐，能够让你的作品不费吹灰之力就上热门。本章将介绍多种短视频背景音乐的添加方法和一些常见的音效、音频效果，帮助大家快速找到喜欢的音乐素材。

7.1 添加音频素材

剪映是一款能够轻松处理音频文件的工具，可以为视频添加多种多样的背景音乐，下面将介绍4种添加音乐的方法。

7.1.1 添加推荐的音乐

【效果展示】：由于剪映是专门为抖音用户研发的短视频剪辑软件，因此在音乐库中将抖音热门歌曲放到了前排，用户可以直接调用这些背景音乐，视频效果如图7-1所示。

图 7-1　视频效果展示

下面介绍在剪映App中为视频添加推荐音乐的方法。

步骤 01 在剪映App中导入视频素材，点击“音频”按钮，如图7-2所示。

步骤 02 执行操作后，点击“音乐”按钮，如图7-3所示。

图 7-2 点击“音频”按钮

图 7-3 点击“音乐”按钮

步骤 03 执行操作后，进入“添加音乐”界面，如图7-4所示。

步骤 04 在“推荐音乐”选项卡中，选择相应的背景音乐进行试听，之后点击右侧的“使用”按钮，如图7-5所示，即可将所选背景音乐添加到音频轨道中。

图 7-4 “添加音乐”界面

图 7-5 点击“使用”按钮

步骤 05 ❶选择音频素材；❷拖曳时间线至视频素材的结束位置；❸点击

“分割”按钮，如图7-6所示。

步骤 06 执行操作后，即可将音频素材分割为两段，且系统会自动选中后半段音频素材，点击“删除”按钮，如图7-7所示，即可删除后半段音频素材。

图 7-6　点击“分割”按钮

图 7-7　点击“删除”按钮

7.1.2　添加搜索的音乐

扫码看教学视频

扫码看案例效果

【效果展示】：用户不仅可以直接在剪映音乐库中选择已有的背景音乐，还可以搜索自己喜欢的其他背景音乐，将其添加到短视频中，视频效果如图7-8所示。

图 7-8　视频效果展示

下面介绍在剪映App中为视频添加搜索的音乐的方法。

步骤 01 在剪映App中导入视频素材，点击“音频”按钮，如图7-9所示。

步骤 02 执行操作后，点击“音乐”按钮，如图7-10所示。

图 7-9 点击“音频”按钮

图 7-10 点击“音乐”按钮

步骤 03 进入“添加音乐”界面，点击搜索框，如图7-11所示。

步骤 04 ❶在搜索框中输入相应的音乐名称；❷点击“搜索”按钮，如图7-12所示，即可搜索音乐。

图 7-11 点击搜索框

图 7-12 点击“搜索”按钮

步骤 05 执行操作后，选择相应的背景音乐，点击右侧的“使用”按钮，如

图7-13所示，即可添加音乐。

步骤 06 调整音乐时长，使其与视频时长一致，如图7-14所示。

图 7-13　点击“使用”按钮

图 7-14　调整音乐时长

7.1.3　添加提取的音乐

扫码看教学视频　扫码看案例效果

【效果展示】：如果用户看到其他背景音乐好听的短视频，也可以将其保存到电脑或手机上，并通过剪映来提取短视频中的背景音乐，将其用到自己的短视频中，视频效果如图7-15所示。

图 7-15　视频效果展示

下面介绍在剪映App中为视频添加提取的音乐的方法。

步骤 01 在剪映App中导入视频素材，依次点击“音频”按钮和“提取音乐”按钮，如图7-16所示。

步骤 02 进入“照片视频”界面，❶选择相应的视频素材；❷点击“仅导入视频的声音”按钮，如图7-17所示，即可提取相应视频的背景音乐，并将其添加到音频轨道中。

步骤 03 点击“导出”按钮，如图7-18所示，即可导出并保存视频。

图 7-16 点击“提取音乐”按钮

图 7-17 点击相应的按钮

图 7-18 点击“导出”按钮

7.1.4 添加纯音乐

扫码看教学视频 扫码看案例效果

【效果展示】：纯音乐是指不包含填词的音乐，主要通过纯粹优美的旋律来传达情感，同时还可以通过优美的曲调来展现出美妙的意境和氛围，视频效果如图7-19所示。

图 7-19 视频效果展示

下面介绍在剪映App中为视频添加纯音乐的方法。

步骤 01 在剪映App中导入视频素材，依次点击“音频”按钮和“音乐”按钮，如图7-20所示。

步骤 02 进入“添加音乐”界面，选择“纯音乐”选项，如图7-21所示。

图 7-20　点击“音乐”按钮

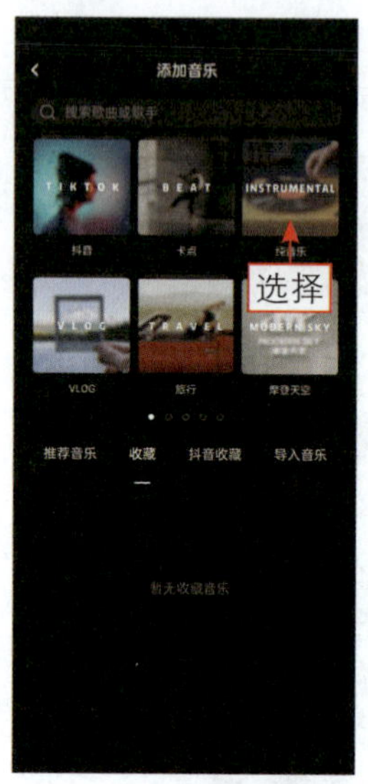

图 7-21　选择“纯音乐”选项

步骤 03 执行操作后，即可进入“纯音乐”界面，点击相应纯音乐右侧的“使用”按钮，如图7-22所示，即可将其添加到音频轨道中。

步骤 04 调整音乐时长与视频时长一致，如图7-23所示，最后导出并保存视频。

图 7-22　点击“使用”按钮

图 7-23　调整音乐时长

7.2　加入常见音效

常见音效是指在自然界或生活中经常可以听到声音效果，比如动物发出的叫声、周围环境产生的声音等，本节将介绍一些常见音效的添加方法。

7.2.1　加入动物音效

扫码看教学视频

扫码看案例效果

【效果展示】：加入动物音效是指在视频中加入各种动物发出的叫声，可以让视频效果更加逼真，视频效果如图7-24所示。

图 7-24　视频效果展示

下面介绍在剪映App中为视频加入动物音效的方法。

步骤 01 在剪映App中导入相应的视频素材，依次点击“音频”按钮和“音效”按钮，如图7-25所示。

步骤 02 ❶搜索“海鸥”音效；❷点击“海边水声和海鸥的声音”音效右侧的“使用”按钮，如图7-26所示。

步骤 03 调整音效时长与视频时长一致，如图 7-27 所示，最后导出并保存视频。

图 7-25　点击“音效”按钮

图 7-26　点击“使用”按钮

图 7-27　调整音效时长

7.2.2　加入海浪音效

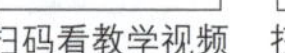

扫码看教学视频

扫码看案例效果

【效果展示】：给包含海浪背景的视频添加合适的海浪音效，可以让视频更接近真实场景，视频效果如图 7-28 所示。

图 7-28　视频效果展示

下面介绍在剪映App中为视频加入海浪音效的方法。

步骤 01 在剪映App中导入相应的视频素材，依次点击“音频”按钮和“音效”按钮，如图7-29所示。

步骤 02 ❶切换至“环境音”选项卡；❷点击“海浪声4”音效右侧的“使用”按钮，如图7-30所示。

步骤 03 调整视频时长，使其与音效时长一致，如图7-31所示，最后导出并保存视频即可。

图 7-29 点击“音效”按钮

图 7-30 点击“使用”按钮

图 7-31 调整视频时长

7.3 制作音频效果

在剪映中可以对音频进行淡化处理和制作回音，让背景音乐变得更有特色。下面将介绍具体的制作方法。

7.3.1 制作音频淡化

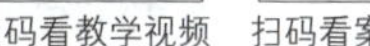

【效果展示】：设置音频淡化（即淡入和淡出）效果后，可以让背景音乐显得不那么突兀，给用户带来更加舒适的视听感，视频效果如图7-32所示。

图 7-32 视频效果展示

下面介绍在剪映App中制作音频淡化效果的方法。

步骤 01 在剪映App中导入相应的视频素材，选择素材，点击“音频分离”按钮，如图7-33所示，将音频素材分离出来。

步骤 02 ❶选择音频素材；❷点击“淡化”按钮，如图7-34所示。

图 7-33 点击“音频分离”按钮

图 7-34 点击“淡化”按钮

步骤 03 在“淡化”面板中，设置“淡入时长”和“淡出时长”均为2s，如图7-35所示。

步骤 04 点击“导出”按钮，如图7-36所示，即可导出并保存视频。

图 7-35 设置相关参数

图 7-36 点击“导出”按钮

7.3.2 制作回音

扫码看教学视频

扫码看案例效果

【效果展示】：在处理短视频的音频素材时，用户可以给其增加一些回音特效，让声音效果变得更有趣。视频效果如图7-37所示。

图 7-37 视频效果展示

下面介绍在剪映App中制作回音效果的方法。

步骤 01 在剪映App中导入相应的视频素材，选择素材，点击“音频分离”按钮，如图7-38所示，将音频素材分离出来。

步骤 02 ❶选择分离的音频；❷点击“变声”按钮，如图7-39所示。

图 7-38 点击“音频分离”按钮

图 7-39 点击“变声”按钮

步骤 03 进入“变声”面板，❶在“基础”选项卡中选择“回音”选项；❷设置“强度”参数值为90，如图7-40所示。

步骤 04 点击“导出”按钮，如图7-41所示，即可导出并保存视频。

图 7-40　设置“强度”参数

图 7-41　点击“导出”按钮

第 8 章

挑战卡点视频

在这个“流量为王”的时代，如何才能从各种短视频中脱颖而出呢？方法之一就是学会制作卡点视频，卡点能让视频更出彩，更能吸引大众的目光。本章主要帮助用户掌握多种卡点技巧，学会卡点要领，从而玩转剪映。

8.1 制作基础卡点

卡点视频就是让照片或者视频与音乐的节奏相匹配，然后利用音乐的节奏变化对画面进行切换。合理地利用卡点技巧可以让视频更出彩，给大家带来视觉和听觉的双重享受。

用户可以为图片或视频添加合适的音乐，再运用剪映App中的“踩点”“玩法”“特效”等功能，轻松制作出卡点视频。下面介绍制作对焦卡点和录像卡点视频的操作方法。

8.1.1 对焦卡点

扫码看教学视频

扫码看案例效果

【效果展示】：对焦卡点视频是当下很火的一种视频类型，能让照片中的人物在背景变焦中动起来，视频画面效果十分立体，效果如图8-1所示。

图8-1 效果展示

下面介绍在剪映App中制作对焦卡点视频的方法。

步骤 01 在剪映App中导入相应的照片素材，点击“音频”按钮，如图8-2所示。

步骤 02 添加合适的背景音乐，如图8-3所示。

图 8-2 点击“音频”按钮

图 8-3 添加合适的背景音乐

步骤 03 ❶选择音频；❷点击“踩点”按钮，如图8-4所示。

步骤 04 ❶点击“自动踩点”按钮；❷选择“踩节拍Ⅰ”选项，如图8-5所示。

图 8-4 点击“踩点”按钮

图 8-5 选择“踩节拍Ⅰ”选项

步骤 05 ❶选择第1段素材；❷点击“抖音玩法”按钮，如图8-6所示。

步骤 06 进入“抖音玩法”面板，在“运镜”选项卡中，选择“3D照片”玩法，如图8-7所示。

图 8-6　点击“抖音玩法”按钮

图 8-7　选择相应的玩法

步骤 07 用与上面相同的方法，为其他两段素材分别添加“3D照片”玩法，如图8-8所示。

步骤 08 调整第3张照片素材的时长，使其结束位置与音频的结束位置对齐，如图8-9所示。

图 8-8　添加相应的玩法

图 8-9　调整相应的时长

步骤 09 返回一级工具栏，❶拖曳时间线至起始位置；❷点击“特效”按钮，如图8-10所示。

步骤 10 进入特效工具栏，点击“画面特效”按钮，如图8-11所示。

图 8-10　点击“特效”按钮

图 8-11　点击“画面特效”按钮

步骤 11 进入相应的界面，❶切换至“基础”选项卡；❷选择“变清晰”特效，如图8-12所示。

步骤 12 调整特效的持续时长，使其结束位置与第1段素材的结束位置对齐，如图8-13所示。

图 8-12　选择“变清晰”特效

图 8-13　调整特效的持续时长

步骤 13 用与上面相同的方法，为其他两段素材添加“变清晰”特效，并调整其位置和时长，如图8-14所示。

步骤 14 点击“导出”按钮，如图8-15所示，即可导出并保存视频。

图 8-14　调整位置和时长

图 8-15　点击“导出”按钮

8.1.2　录像卡点

扫码看教学视频　扫码看案例效果

【效果展示】：录像卡点就是像录像机一样定格切换画面，有一种在现场录像的感觉，效果如图8-16所示。

图 8-16　效果展示

下面介绍在剪映App中制作录像卡点视频的操作方法。

步骤 01 在剪映App中导入相应的照片素材，点击“音频”按钮，如图8-17所示。

步骤 02 添加合适的背景音乐，如图8-18所示。

图 8-17 点击"音频"按钮

图 8-18 添加合适的背景音乐

步骤 03 ❶选择音频；❷点击"踩点"按钮，如图8-19所示。

步骤 04 ❶点击"自动踩点"按钮；❷选择"踩节拍I"选项，如图8-20所示。

图 8-19 点击"踩点"按钮

图 8-20 选择"踩节拍 I"选项

步骤 05 ❶拖曳时间线至第3个小黄点的位置；❷点击"删除点"按钮，如

图8-21所示，删除第3个小黄点。

步骤 06 用与上面相同的方法，删除第5个小黄点，如图8-22所示。

图 8-21　点击“删除点”按钮

图 8-22　删除第 5 个小黄点

步骤 07 调整每段素材的时长，使其与每两个小黄点内的时长一致，如图8-23所示。

步骤 08 返回一级工具栏，❶拖曳时间线至视频起始位置；❷依次点击“特效”按钮和“画面特效”按钮，如图8-24所示。

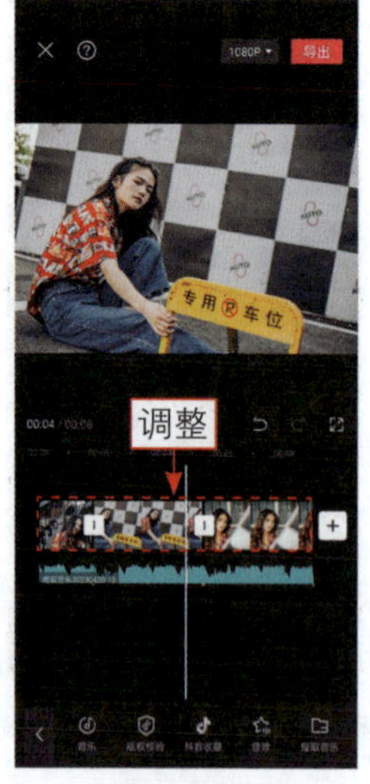

图 8-23　调整每段素材的时长

图 8-24　点击“画面特效”按钮（1）

步骤 09 ❶切换至“基础”选项卡；❷选择“变清晰”特效，如图8-25所示，为视频添加特效。

步骤 10 ❶调整特效的持续时长，使其与第1段素材的时长一致；❷点击“调整参数”按钮，在“调整参数”面板中设置“对焦速度”参数值为50，如图8-26所示。

图 8-25 选择“变清晰”特效

图 8-26 设置“对焦速度”参数

步骤 11 依次为第2段和第3段素材添加“变清晰”特效，并调整特效的位置和时长，如图8-27所示。

步骤 12 点击第1段素材和第2段素材中间的丨按钮，如图8-28所示。

步骤 13 进入“转场”面板，❶切换至“运镜”选项卡；❷选择“推近”转场，如图 8-29 所示。

步骤 14 用与上面相同的方法，在第2段和第3段素材之间添加“运镜”选项卡中的“拉远”转场，如图8-30所示。

图 8-27 调整特效位置和时长

图 8-28 点击相应的按钮

图 8-29　选择“推近”转场

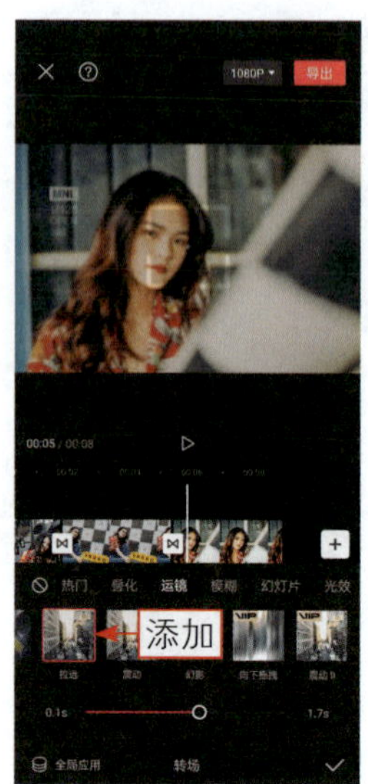

图 8-30　添加“拉远”转场

步骤 15 返回一级工具栏，❶拖曳时间线至视频起始位置；❷依次点击“特效”按钮和“画面特效”按钮，如图8-31所示。

步骤 16 执行操作后，❶切换至“边框”选项卡；❷选择“录制边框Ⅱ”选项，如图8-32所示。

图 8-31　点击“画面特效”按钮（2）

图 8-32　选择“录制边框Ⅱ”选项

步骤 17 调整特效时长与视频时长一致，如图8-33所示。

步骤 18 点击“导出”按钮，如图8-34所示，即可导出并保存视频。

图 8-33 调整特效时长

图 8-34 点击“导出”按钮

8.2 制作花样卡点

掌握了基础卡点视频的制作方法，用户可以尝试运用剪映App的多项功能对视频进行综合处理，制作出更出彩的卡点视频效果。本节主要介绍制作滤镜卡点和黑白变速卡点视频的方法。

8.2.1 滤镜卡点

扫码看教学视频

扫码看案例效果

【效果展示】：滤镜卡点主要是根据卡点音乐的节奏来添加不同的滤镜，以获得视频画面色彩切换效果的，如图8-35所示。

图 8-35 效果展示

下面介绍在剪映App中制作滤镜卡点视频的方法。

步骤 01 在剪映 App 中导入相应的视频素材，点击“音频”按钮，如图 8-36 所示。

步骤 02 添加合适的背景音乐，如图8-37所示。

图 8-36　点击“音频”按钮

图 8-37　添加合适的背景音乐

步骤 03 ❶选择音频；❷点击“踩点”按钮，如图8-38所示。

步骤 04 ❶点击“自动踩点”按钮；❷选择“踩节拍Ⅱ”选项，如图8-39所示。

图 8-38　点击“踩点”按钮

图 8-39　选择“踩节拍Ⅱ”选项

步骤 05 返回到一级工具栏，点击“滤镜”按钮，如图8-40所示。

步骤 06 在“滤镜”选项卡中，❶切换至“风格化”选项区；❷选择“珠落”滤镜，如图8-41所示。

图 8-40 点击“滤镜”按钮

图 8-41 选择“珠落”滤镜

步骤 07 调整滤镜的位置和时长，如图8-42所示，使其位于第2个和第4个小黄点之间。

步骤 08 点击“新增滤镜”按钮，选择“风景”选项区中的“海雾”滤镜，如图8-43所示。

图 8-42 调整滤镜的位置和时长（1）

图 8-43 选择“海雾”滤镜

步骤09 调整滤镜的位置和时长，如图8-44所示，使其位于第4个和第6个小黄点之间。

步骤10 返回上一级工具栏，点击“新增滤镜”按钮，添加“风景”选项区中的“橘光”滤镜，并调整滤镜的位置和时长，如图8-45所示，使其位于第6个和第8个小黄点之间。

图 8-44　调整滤镜的位置和时长（2）

图 8-45　调整滤镜的位置和时长（3）

步骤11 用与上面相同的方法，添加“影视级”选项区中的“即刻春光”滤镜，并调整滤镜的位置和时长，如图8-46所示，使其位于第8个和第10个小黄点之间。

步骤12 用与上面相同的方法，添加“基础”选项区中的“质感暗调”滤镜，并调整滤镜的位置和时长，如图8-47所示，使其位于第10个小黄点和视频结束位置之间。

图 8-46　调整滤镜的位置和时长（4）

图 8-47　调整滤镜的位置和时长（5）

8.2.2 黑白变速卡点

扫码看教学视频

扫码看案例效果

【效果展示】：制作黑白变速卡点视频时要注意视频中速度快慢的处理，通过恰当地使用剪映App中的"踩点"功能和"变速"功能，就能做出忽快忽慢的卡点效果。此外，还要注意"滤镜"功能的使用，在视频中添加滤镜，使视频画面呈现出黑白切换的效果，效果如图8-48所示。

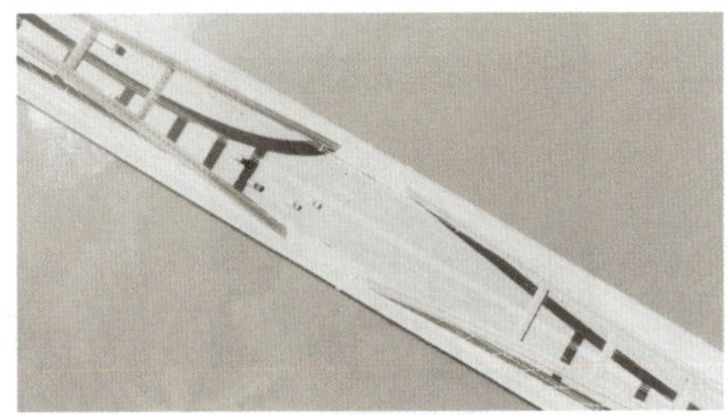

图 8-48 效果展示

下面介绍在剪映App中制作黑白变速卡点视频的方法。

步骤 01 在剪映App中导入视频素材，添加合适的背景音乐，如图8-49所示。

步骤 02 ❶选择音频；❷点击"踩点"按钮，如图8-50所示。

图 8-49 添加合适的背景音乐

图 8-50 点击"踩点"按钮

步骤 03 ❶点击"自动踩点"按钮；❷选择"踩节拍Ⅰ"选项，如图8-51所示。

步骤 04 ❶选择视频素材；❷依次点击“变速”按钮和“常规变速”按钮，如图8-52所示。

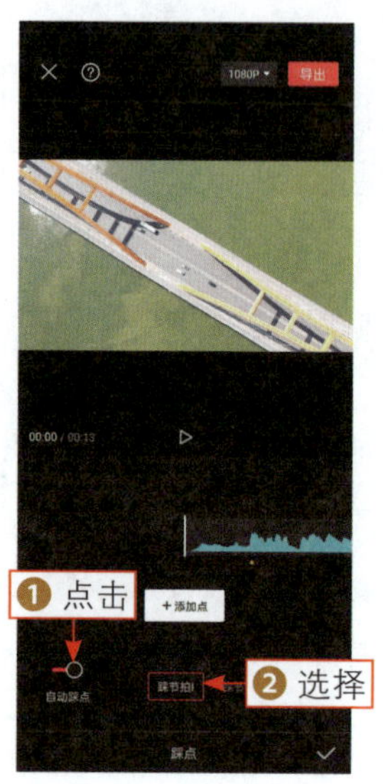

图 8-51　选择“踩节拍 I ”选项

图 8-52　点击“常规变速”按钮（1）

步骤 05 拖曳滑块，设置“变速”参数为2.5x，如图8-53所示，添加变速效果。

步骤 06 返回上一级工具栏，❶拖曳时间线至第1个小黄点的位置；❷点击“分割”按钮，如图8-54所示。

图 8-53　设置“变速”参数（1）

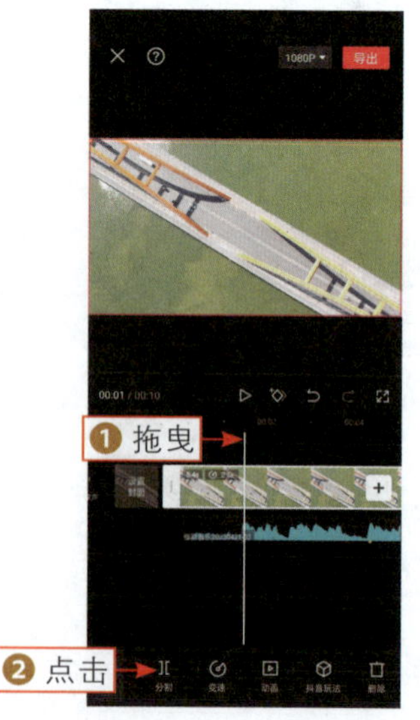

图 8-54　点击“分割”按钮

步骤 07 依次点击“变速”按钮和“常规变速”按钮，如图8-55所示。

步骤 08 拖曳滑块，设置“变速”参数为0.5x，如图8-56所示。

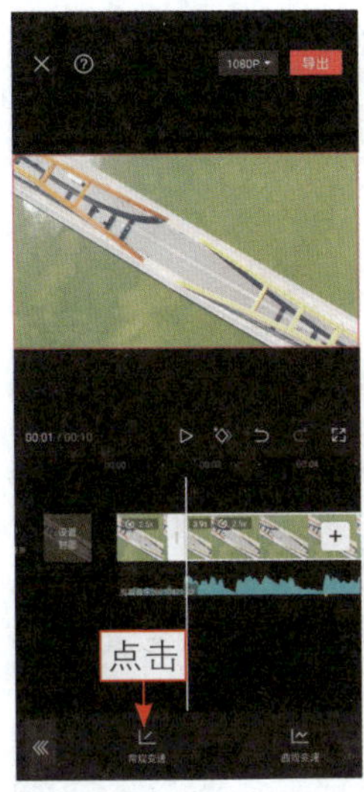

图 8-55 点击“常规变速”按钮（2）

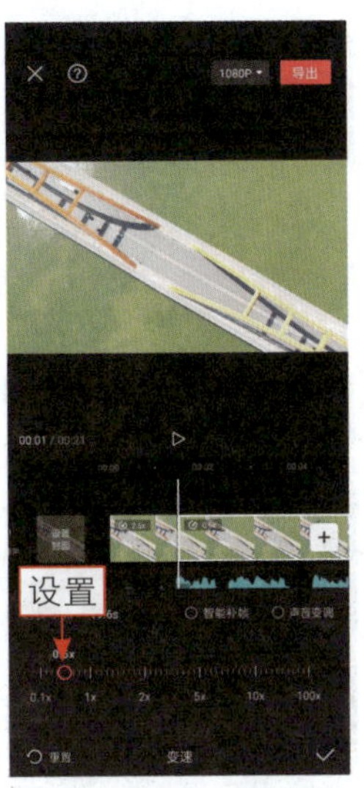

图 8-56 设置“变速”参数（2）

步骤 09 返回上一级工具栏，拖曳时间线至第2个小黄点的位置，对素材进行分割，选择分割后的素材，依次点击“变速”按钮和“常规变速”按钮，设置“变速”参数为2.5x，如图8-57所示。

步骤 10 用与上面相同的方法，拖曳时间线至第3个小黄点的位置，对剩下的视频素材进行分割和变速操作，并设置“变速”参数为0.5x，如图8-58所示。

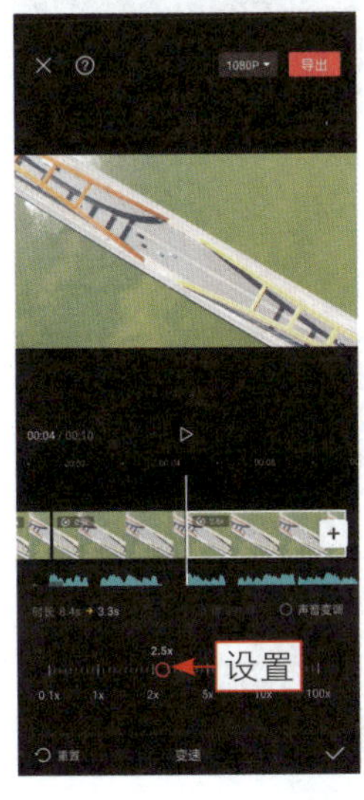

图 8-57 设置“变速”参数（3）

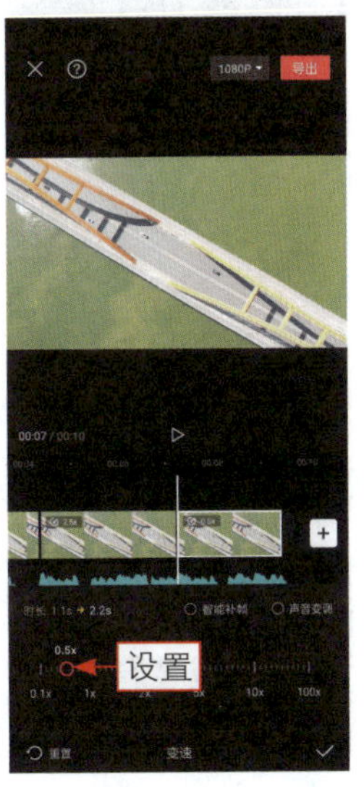

图 8-58 设置“变速”参数（4）

步骤 11 调整音频时长，使其与视频时长一致，如图8-59所示。

步骤 12 ❶选择第2段视频素材；❷点击“滤镜”按钮，如图8-60所示。

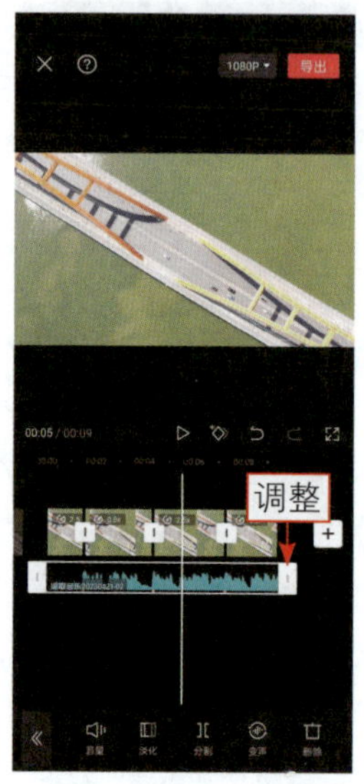

图 8-59　调整音频时长

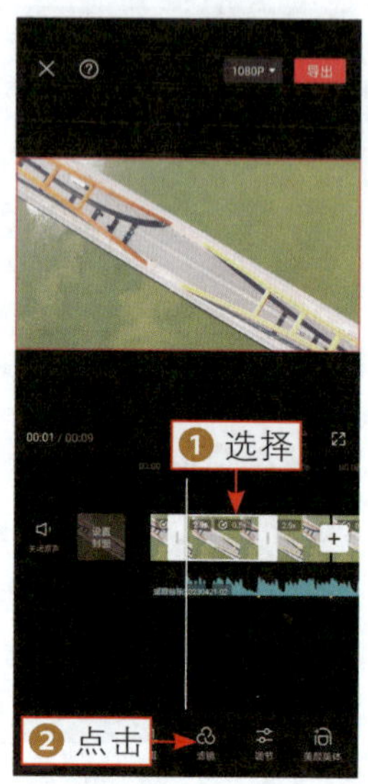

图 8-60　点击“滤镜”按钮

步骤 13 在“滤镜”选项卡中，❶切换至“黑白”选项区；❷选择“褪色”滤镜；❸拖曳滑块，设置其参数值为100，如图8-61所示。

步骤 14 用与上面相同的方法，❶为第4段视频素材添加“黑白”选项区中的“褪色”滤镜；❷拖曳滑块，设置其参数值为100，如图8-62所示。

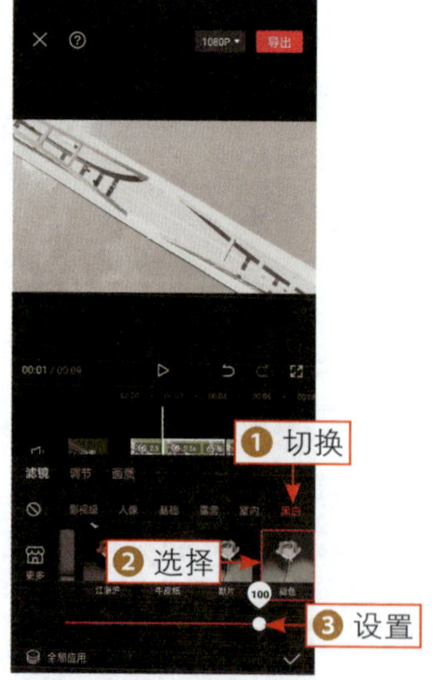

图 8-61　设置滤镜（1）

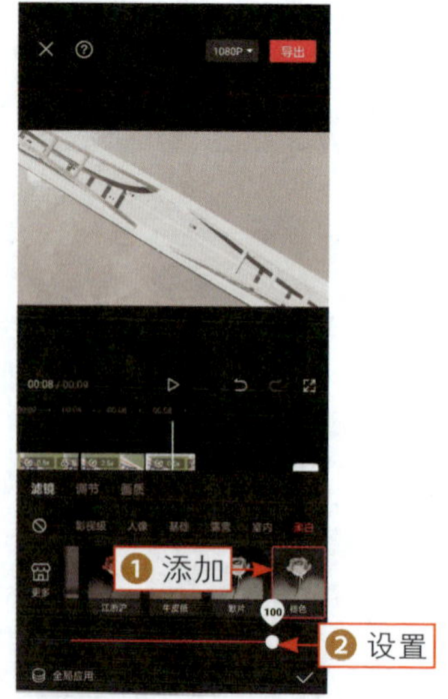

图 8-62　设置滤镜（2）

第9章
综合实战：《万家灯火》

剪映不仅功能简单好用，素材也非常丰富，而且上手难度低，为用户提供了更舒适的创作和剪辑条件，还能帮助用户轻松制作出艺术大片。本章主要介绍在剪映中制作综合实战案例《万家灯火》视频的方法。

9.1 效果展示

扫码看案例效果

【效果展示】：本章制作的视频是由多个地点的延时视频组合在一起的，在视频开头介绍了视频的主题，之后展示每个延时视频拍摄地点的夜景，效果如图9-1所示。

图 9-1 效果展示

9.2　制作流程

制作本章视频需要用到剪映App的多项功能，如“蒙版”功能、“分割”功能、“动画”功能、“转场”功能、“特效”功能、“文字”功能以及“音频”功能等。本节主要介绍制作这个综合视频的流程。

9.2.1　制作片头视频

扫码看教学视频

一个效果好看的片头视频可以吸引观众的目光，留住观众的视线，引发观众的好奇心，激起观众想要继续观看的欲望，提升视频的观看率。下面介绍在剪映App中制作片头视频的方法。

步骤 01 在手机屏幕上点击“剪映”图标，打开剪映App，进入“剪辑”界面，点击“开始创作”按钮，如图9-2所示。

步骤 02 切换至“素材库”界面，进入该界面后，可以看到剪映素材库内置了丰富的素材，如图9-3所示。

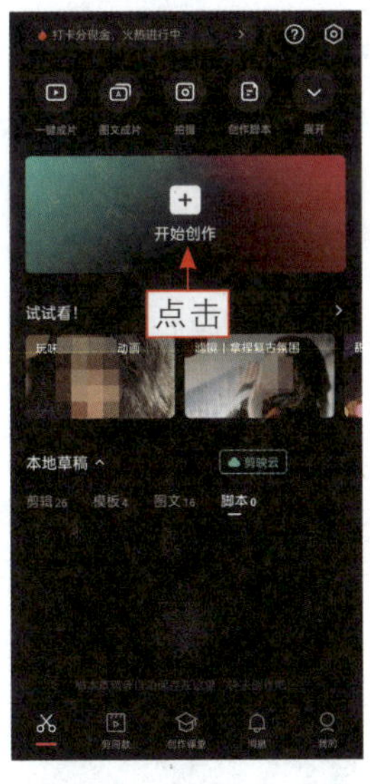

图 9-2　点击“开始创作”按钮（1）

图 9-3　切换至“素材库”界面

步骤 03 ①在“热门”选项卡中选择一段黑色背景素材；②选中“高清”复选框；③点击“添加”按钮，如图9-4所示。

步骤 04 执行操作后，即可将黑色背景素材导入剪映App中，依次点击“文字”按钮和“新建文本”按钮，如图9-5所示。

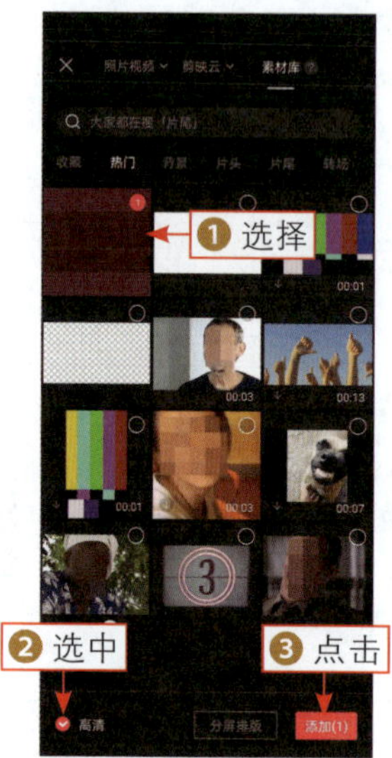

图 9-4　点击“添加”按钮（1）

图 9-5　点击“新建文本”按钮

步骤 05 在文本框中输入相应的文字内容，如图9-6所示。

步骤 06 在“字体”选项卡中，选择合适的字体，如图9-7所示。

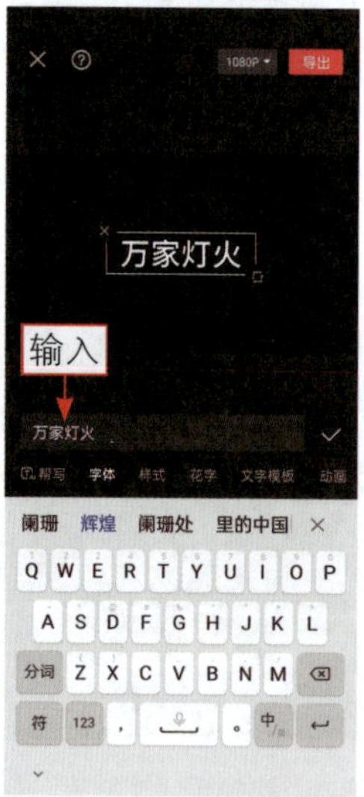

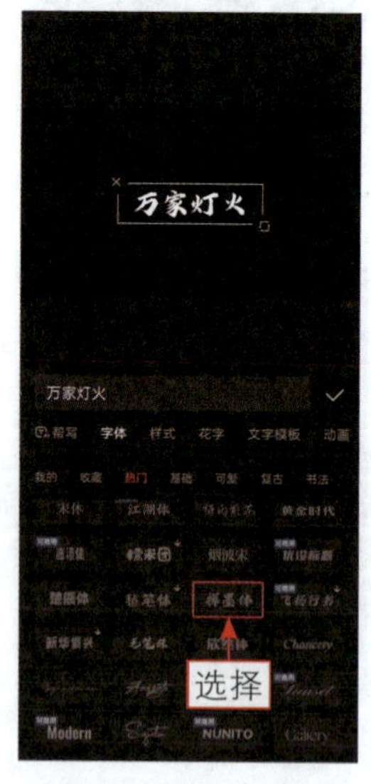

图 9-6　输入相应的文字内容

图 9-7　选择合适的字体

步骤 07 切换至“样式”选项卡，设置“字号”参数值为20，如图9-8所示，使文字变大。

步骤 08 ❶切换至“动画”选项卡；❷在“入场”选项区中选择“缩小”动

画；❸拖曳滑块，设置动画时长参数为2.0s，如图9-9所示。

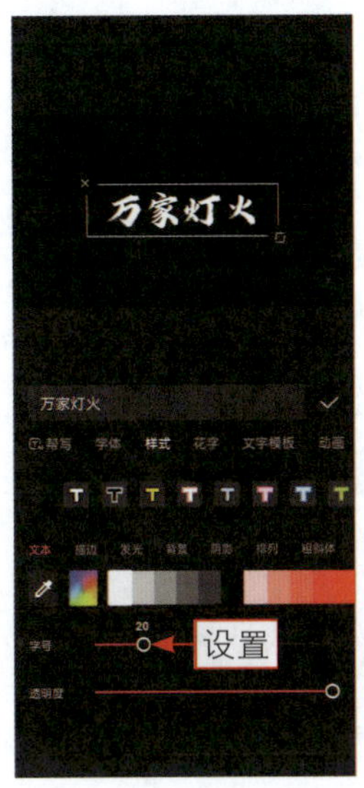

图 9-8 设置“字号”参数

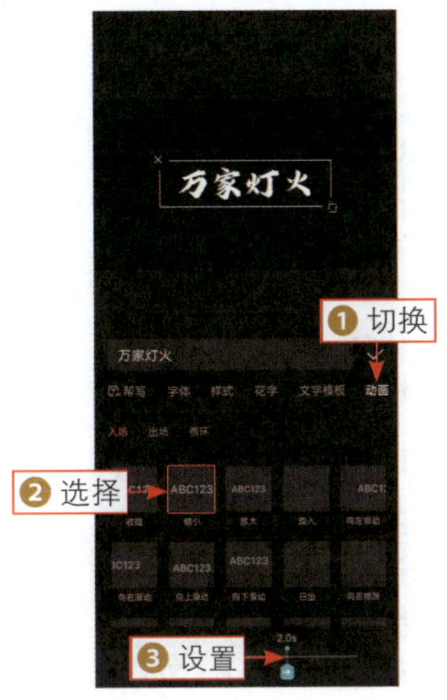

图 9-9 设置动画时长参数（1）

步骤 09 调整视频时长和文字时长均为6.0s，如图9-10所示。

步骤 10 点击“导出”按钮，如图9-11所示，即可导出并保存视频。

图 9-10 调整视频时长和文字时长

图 9-11 点击“导出”按钮

步骤 11 返回“剪辑”界面，点击“开始创作”按钮，如图9-12所示。

步骤 12 进入“照片视频”界面，❶选择一段视频素材；❷选中“高清”复选框；③点击“添加”按钮，如图9-13所示。

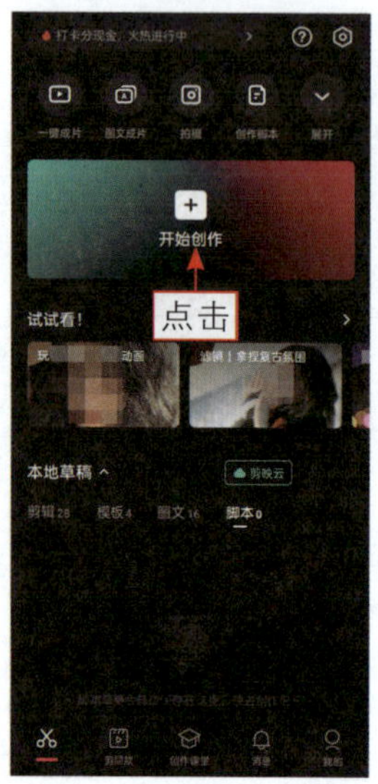

图 9-12　点击“开始创作”按钮（2）

图 9-13　点击“添加”按钮（2）

步骤 13 执行操作后，即可导入视频素材，依次点击“画中画”按钮和“新增画中画”按钮，如图9-14所示。

步骤 14 进入“照片视频”界面，导入刚刚导出的文字素材，如图9-15所示。

图 9-14　点击“新增画中画”按钮

图 9-15　导入相应的文字素材

步骤 15 在预览区域放大视频画面，使其占满屏幕，如图9-16所示。

步骤 16 ❶拖曳时间线至第3s的位置；❷在工具栏中点击“混合模式”按钮，选择“正片叠底”选项，如图9-17所示，制作文字镂空效果。

图 9-16 放大视频画面

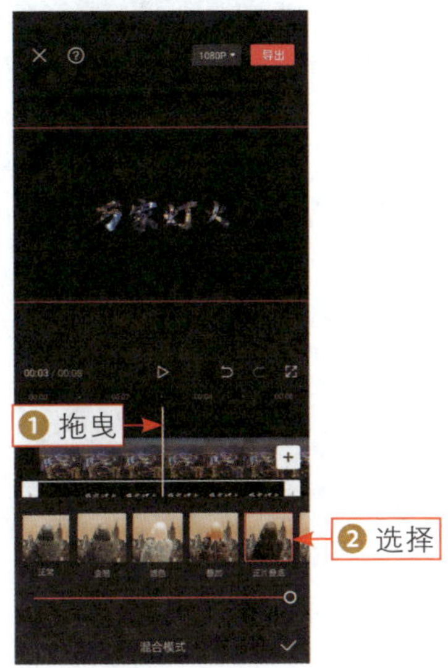

图 9-17 选择“正片叠底”选项

步骤 17 在预览区域适当调整文字的大小，如图9-18所示。

步骤 18 点击“分割”按钮，如图9-19所示，分割视频素材。

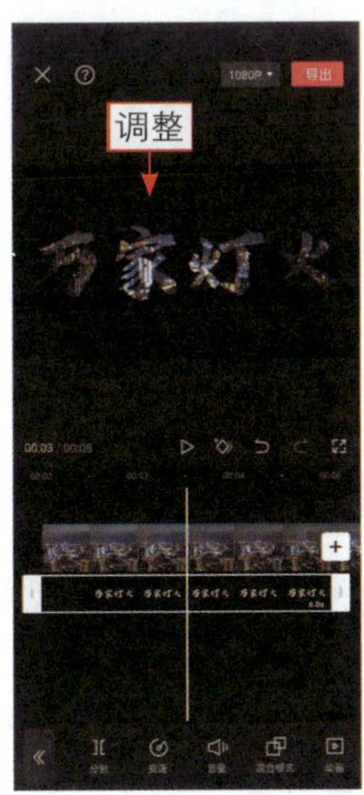

图 9-18 调整文字的大小

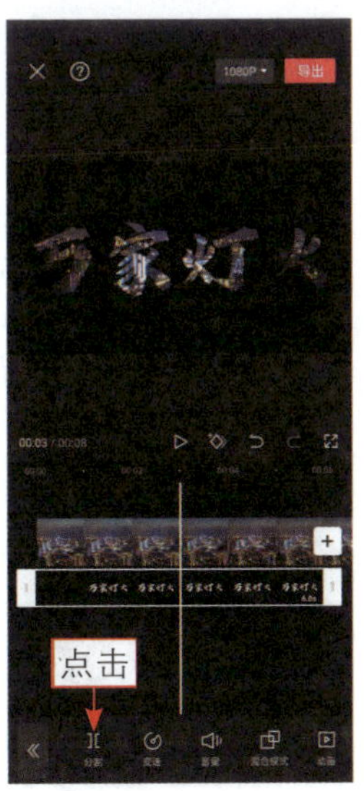

图 9-19 点击“分割”按钮

步骤 19 在工具栏中点击“蒙版”按钮，如图9-20所示。

步骤20 进入“蒙版”面板，选择“线性”蒙版，如图9-21所示。

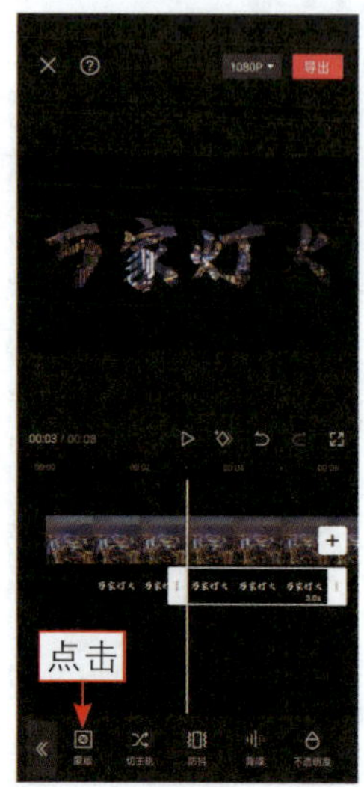

图 9-20 点击“蒙版”按钮（1）

图 9-21 选择“线性”蒙版

步骤21 点击✓按钮返回，点击“复制”按钮，如图9-22所示，即可复制后一段画中画素材。

步骤22 将其拖曳至原轨道的下方，❶选择复制的画中画素材；❷点击“蒙版”按钮，如图9-23所示。

图 9-22 点击“复制”按钮

图 9-23 点击“蒙版”按钮（2）

步骤23 进入“蒙版”面板，点击“反转”按钮，如图9-24所示，反转设置的蒙版效果。

步骤24 点击“动画”按钮，进入“动画”面板，❶切换至“出场动画”选项卡；❷选择“向下滑动”动画；❸设置动画时长参数为3.0s，如图9-25所示。

图 9-24 点击“反转”按钮

图 9-25 设置动画时长参数（2）

步骤25 点击✓按钮返回，❶选择上层轨道中的画中画素材；❷点击“动画”按钮，如图9-26所示。

步骤26 切换至“出场动画”选项卡，❶选择“向上滑动”动画；❷设置动画时长参数为3.0s，如图9-27所示。

图 9-26 点击“动画”按钮

图 9-27 设置动画时长参数（3）

9.2.2 剪辑素材

片头效果制作完成后，接下来需要导入并剪辑视频素材。下面介绍在剪映App中剪辑视频素材的方法。

扫码看教学视频

步骤 01 选择视频素材，❶拖曳时间线至第6s的位置；❷点击“分割”按钮，如图9-28所示，即可分割视频素材。

步骤 02 依次点击“变速”按钮和“常规变速”按钮，如图9-29所示。

图 9-28 点击“分割”按钮

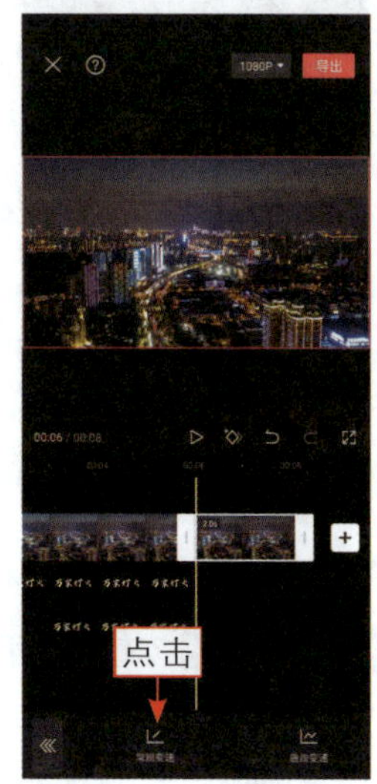

图 9-29 点击“常规变速”按钮（1）

步骤 03 在“变速”面板中，向右拖曳红色圆环，设置“变速”参数为2.0x，如图9-30所示，对视频进行变速处理。

步骤 04 点击视频素材右侧的[+]按钮，如图9-31所示。

步骤 05 进入“照片视频”界面，❶选择多个视频素材；❷选中“高清”复选框；❸点击“添加”按钮，如图9-32所示，即可将视频导入剪映App中。

图 9-30 设置“变速”参数（1）

图 9-31 点击相应的按钮

步骤06 ❶选择第3段视频素材；❷依次点击“变速”按钮和“常规变速”按钮，如图9-33所示。

图 9-32　点击“添加”按钮

图 9-33　点击“常规变速”按钮（2）

步骤07 在“变速”面板中，向右拖曳红色圆环，设置“变速”参数为3.0x，如图9-34所示，对视频进行变速处理。

步骤08 选择第4段视频素材，点击“常规变速”按钮，如图9-35所示。

图 9-34　设置“变速”参数（2）

图 9-35　点击“常规变速”按钮（3）

步骤 09 向右拖曳红色圆环，设置"变速"参数为1.5x，如图9-36所示，对视频进行变速处理。

步骤 10 选中第5段视频素材，在"变速"面板中，向右拖曳红色圆环，设置"变速"参数为1.8x，如图9-37所示，对视频进行变速处理。

图 9-36 设置"变速"参数（3）

图 9-37 设置"变速"参数（4）

步骤 11 用与上面相同的方法，设置第6段视频素材的"变速"参数为2.5x，如图9-38所示，对视频进行变速处理。

步骤 12 用与上面相同的方法，设置第7段视频素材的"变速"参数为2.0x，如图9-39所示，对视频进行变速处理。

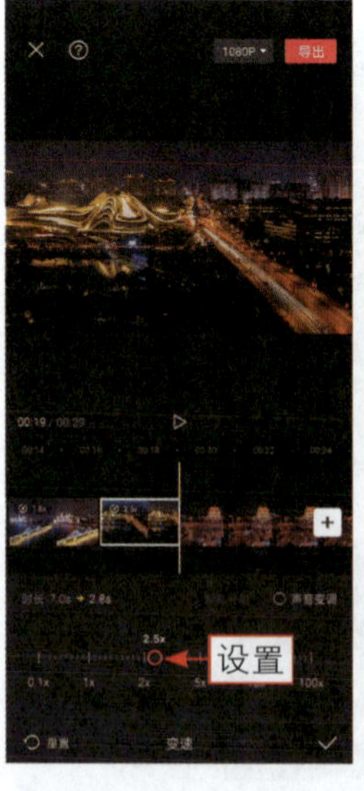

图 9-38 设置"变速"参数（5）

图 9-39 设置"变速"参数（6）

9.2.3 加入转场

扫码看教学视频

视频素材之间的切换少不了转场效果，好看的转场效果能让画面给人耳目一新的感觉。下面介绍在剪映App中为视频加入转场的方法。

步骤 01 点击第 2 段和第 3 段视频素材中间的 ı 按钮，如图 9-40 所示。

步骤 02 进入“转场”面板，❶切换至“拍摄”选项卡；❷选择“眨眼”转场，如图9-41所示。

步骤 03 执行操作后，视频轨道中显示了添加的转场图标 ⋈，如图9-42所示。

步骤 04 点击第 3 段和第 4 段视频素材中间 ı 按钮，进入“转场”面板，❶ 切换至“叠化”选项卡；❷ 选择“撕纸”转场，如图 9-43 所示。

步骤 05 拖曳滑块，设置其转场时长为1.3s，如图9-44所示。

图 9-40 点击相应的按钮

图 9-41 选择“眨眼”转场

图 9-42 显示转场图标

图 9-43 选择“撕纸”转场

步骤 06 点击第4段和第5段视频素材中间的 I 按钮，进入“转场”面板，❶切换至“运镜”选项卡；❷选择“推近”转场，如图9-45所示。

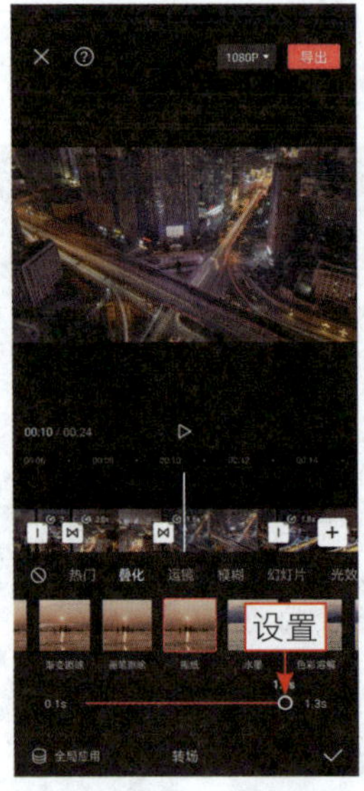

图 9-44　设置转场时长为 1.3s（1）

图 9-45　选择“推近”转场

步骤 07 拖曳滑块，设置其转场时长为1.5s，如图9-46所示。

步骤 08 用与上面相同的方法，点击第5段和第6段视频素材中间的 I 按钮，在“转场”面板中，选择“幻灯片”选项卡中的“百叶窗”转场，如图9-47所示。

图 9-46　设置转场时长为 1.5s

图 9-47　选择“百叶窗”转场

步骤09 拖曳滑块，设置其转场时长为1.3s，如图9-48所示。

步骤10 用与上面相同的方法，点击第6段和第7段视频素材中间的 I 按钮，❶在“转场”面板中，选择“幻灯片”选项卡中的“风车”转场；❷设置其转场时长为1.3s，如图9-49所示。

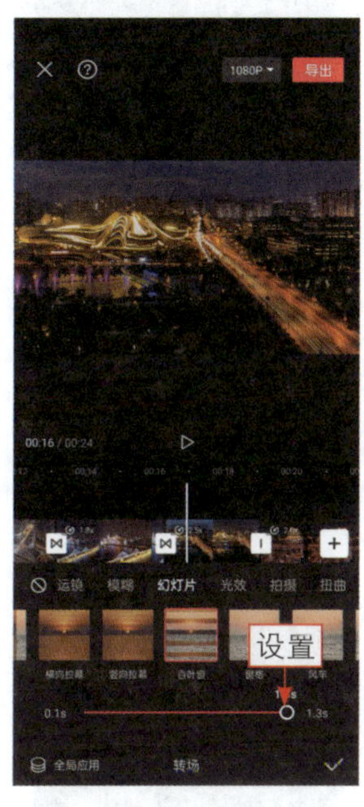

图 9-48 设置转场时长为 1.3s（2）

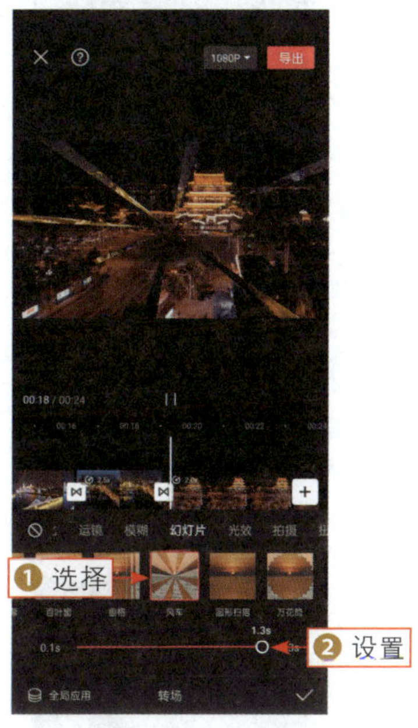

图 9-49 设置转场时长为 1.3s（3）

9.2.4 搭配字幕

扫码看教学视频

在短视频作品中，好的文字效果能够吸引流量，提升短视频的质量，同时能给视频画面起到解说的作用。下面介绍在剪映App中为视频搭配字幕的方法。

步骤01 返回一级工具栏，❶拖曳时间线至第6s的位置；❷点击“文字”按钮，如图9-50所示。

步骤02 在下一级工具栏中点击“新建文本”按钮，如图9-51所示。

步骤03 在文本框中输入相应的文字内容，如图9-52所示。

步骤04 在“字体”选项卡中，切换至“基础”选项区，选择合适的字体，如图9-53所示。

图 9-50　点击“文字”按钮

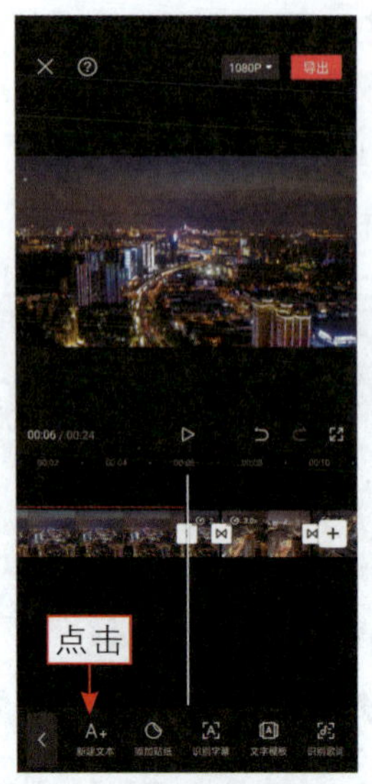

图 9-51　点击“新建文本”按钮

图 9-52　输入文字内容

图 9-53　选择合适的字体

步骤 05 ❶在预览区域调整文字的位置和大小；❷调整文字素材的时长，使其与第2段视频素材的时长一致；❸点击“复制”按钮，如图9-54所示，复制文字素材。

步骤 06 调整复制的文字素材的位置与时长，如图9-55所示。

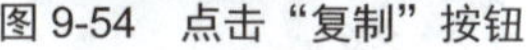

图 9-54 点击“复制”按钮

图 9-55 调整文字素材的位置与时长（1）

步骤 07 在工具栏中点击“编辑”按钮，修改文字内容，如图9-56所示。

步骤 08 用与上面相同的方法，为第4段视频素材添加文字，并调整文字的位置与时长，如图9-57所示。

图 9-56 修改文字内容

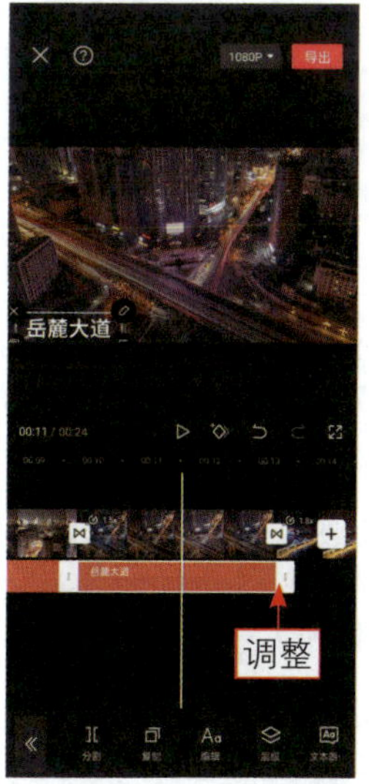

图 9-57 调整文字素材的位置与时长（2）

步骤 09 用与上面相同的方法，为剩下的3段视频素材添加文字，并适当调整文字素材的位置与时长，如图9-58所示。

步骤 10 选择最后一段文字素材，在工具栏中点击“动画”按钮，❶切换至“出场”选项区；❷选择“向上擦除”动画；❸设置动画时长为1.3s，如图9-59所示，为文字添加动画效果。

图 9-58　调整文字素材的位置与时长（3）

图 9-59　设置动画时长（1）

步骤 11 为最后一段视频添加文字内容，❶选择合适的字体；❷在预览区中适当调整文字的位置和大小，如图9-60所示。

步骤 12 ❶调整文字素材的位置和时长；❷点击“动画”按钮，如图9-61所示。

图 9-60　调整文字的位置和大小

图 9-61　点击“动画”按钮

步骤 13 ❶在“入场”选项区中选择“逐字显影”动画；❷设置其动画时长为1.0s，如图9-62所示。

步骤 14 ❶在“出场”选项区中选择“渐隐”动画；❷设置其动画时长为1.5s，如图9-63所示。

图 9-62 设置动画时长（2）

图 9-63 设置动画时长（3）

9.2.5 制作片尾视频

运用剪映App的“闭幕”特效可以制作视频的片尾，模拟电影闭幕的画面效果。下面介绍在剪映App中制作片尾视频的方法。

扫码看教学视频

步骤 01 返回一级工具栏，❶拖曳时间线至第21s的位置；❷点击“特效”按钮，如图9-64所示。

步骤 02 在工具栏中点击“画面特效”按钮，如图9-65所示。

图 9-64　点击“特效”按钮

图 9-65　点击“画面特效”按钮

步骤 03 切换至“基础”选项卡，其中显示了多种画面特效，如图9-66所示。

步骤 04 选择“闭幕”特效，如图9-67所示。

图 9-66　切换至“基础”选项卡

图 9-67　选择“闭幕”特效

步骤 05 点击✓按钮返回，即可添加“闭幕”特效，如图9-68所示。

步骤 06 拖曳特效右侧的白色拉杆，调整特效的时长，如图9-69所示。

图 9-68 添加“闭幕”特效

图 9-69 调整特效时长

9.2.6 添加音乐

为视频添加音乐可以让视频更完整，更能传达视频所表现的内容，下面介绍在剪映App中为视频添加音乐的操作方法。

扫码看教学视频

步骤 01 返回一级工具栏，❶拖曳时间线至视频起始位置，❷点击“音频”按钮，如图9-70所示。

步骤 02 在弹出的工具栏中点击“音乐”按钮，如图9-71所示。

图 9-70 点击“音频”按钮

图 9-71 点击“音乐”按钮

步骤 03 进入“添加音乐”界面，选择“摩登天空”选项，如图9-72所示。

步骤 04 在“摩登天空”界面中，点击选择的音乐试听，如图9-73所示。

图 9-72　选择“摩登天空”选项

图 9-73　点击选择的音乐

步骤 05 点击所选音乐右侧的“使用”按钮，如图9-74所示，即可添加音乐。

步骤 06 选择音频素材，❶拖曳时间线至第1s的位置；❷点击“分割”按钮，如图9-75所示，即可分割音频。

图 9-74　点击音乐右侧的“使用”按钮

图 9-75　点击“分割”按钮（1）

步骤 07 ❶选择第1段音频素材；❷点击“删除”按钮，如图9-76所示，即可把音波较弱的音频删除。

步骤 08 拖曳音频至视频起始位置，如图9-77所示。

图 9-76　点击“删除”按钮（1）

图 9-77　拖曳音频

步骤 09 选择音频素材，❶拖曳时间线至视频结束的位置；❷点击“分割”按钮，如图9-78所示，即可分割音频。

步骤 10 点击“删除”按钮，如图9-79所示，即可删除后一段音频。

图 9-78　点击“分割”按钮（2）

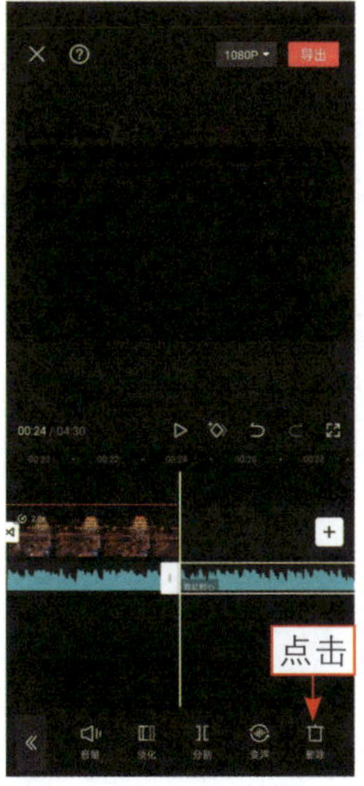

图 9-79　点击“删除”按钮（2）

步骤 11 点击全屏按钮，如图9-80所示，即可全屏预览画面。

步骤 12 点击按钮回到编辑界面中，点击“导出”按钮，如图9-81所示，即可导出并保存视频。

图 9-80　点击全屏按钮

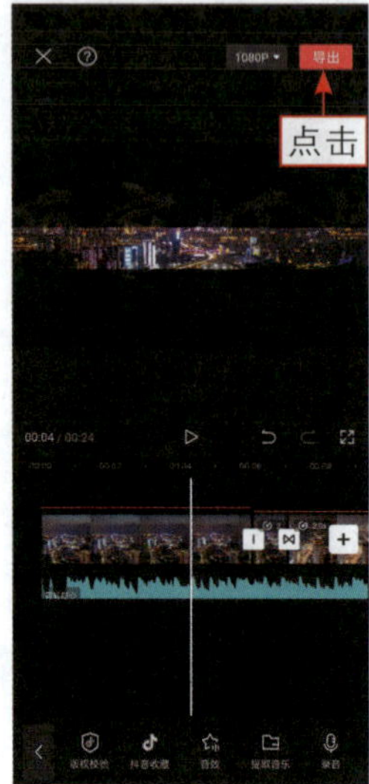

图 9-81　点击“导出”按钮

【电脑版】

第 10 章

剪辑师速成：快速入门剪映电脑版

10.1 掌握剪映的基本操作

剪映电脑版是由抖音官方出品的一款视频剪辑软件，它拥有清晰的操作界面和强大的面板功能，同时也延续了剪映手机App版全能易用的操作风格，非常适用于各种专业的剪辑场景。本节将向大家介绍剪映电脑版的基本操作方法，帮助大家快速入门。

10.1.1 了解剪映的工作界面

在桌面上双击剪映图标，打开剪映软件，即可进入剪映首页，如图10-1所示。

图 10-1 剪映首页

在首页左上角单击“点击登录账户”按钮，即可登录抖音账号，获取用户在抖音上的公开信息（头像、昵称、地区和性别等）和在抖音内收藏的音乐列表。

图10-2所示为“剪辑草稿”面板，其中显示了用户所创建的文件，❶单击“批量管理”按钮，可以对草稿文件进行批量删除；❷将鼠标移至草稿文件的缩略图上并单击右下角显示的按钮，打开下拉列表框；❸选择“备份至”选项，可以将该草稿进行云端备份，在“我的云空间”面板中可以查看备份的草稿；❹选择“重命名”选项，可以为草稿文件命名；❺选择“复制草稿”选项，可以复制一个一模一样的草稿文件；❻选择“删除”选项，即可将当前草稿删除。

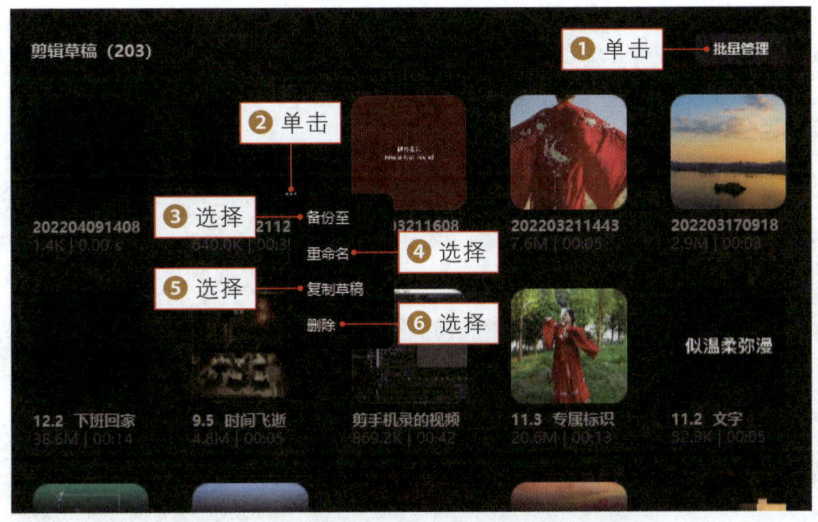

图 10-2 “剪辑草稿”面板

在首页左侧的面板中，❶选择“我的云空间”选项；❷可以切换至对应的面板中，如图10-3所示。单击“点击登录”按钮，即可在登录账号后，免费获得512M云空间，将重要的草稿文件进行备份。

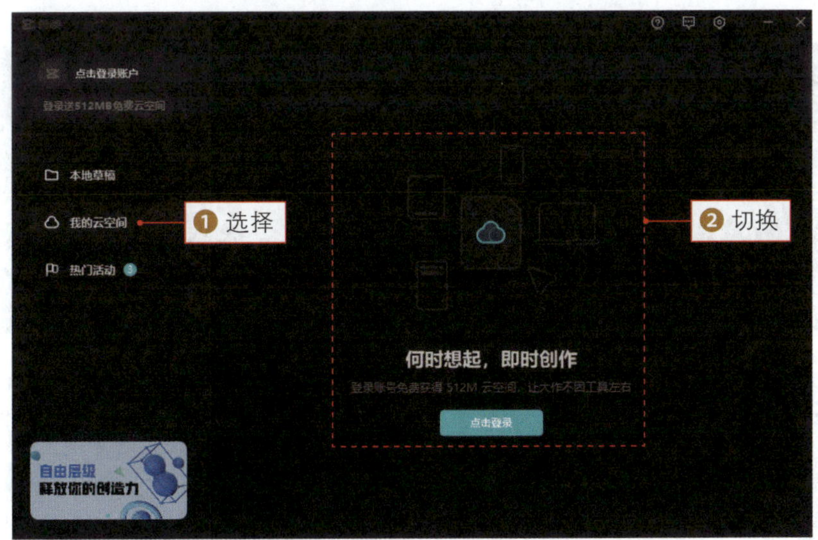

图 10-3 “我的云空间”面板

❶选择“热门活动”选项；❷切换至“热门活动”面板，如图10-4所示。在该面板中显示了由官方推出的多项投稿活动，用户如果对活动感兴趣，可以选择相应的活动项目，通过参与活动获得收益。

图 10-4 “热门活动”面板

在剪映首页单击“开始创作”按钮或选择一个草稿文件，即可进入视频剪辑界面，其界面组成如图10-5所示。

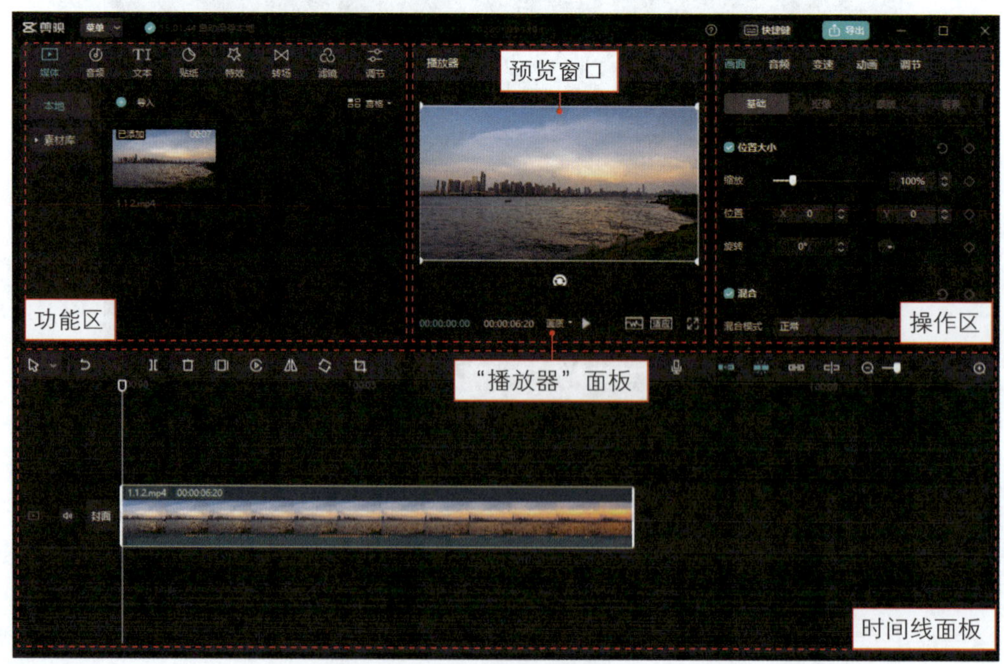

图 10-5 视频剪辑界面

功能区：功能区中包括了剪映的媒体、音频、文本、贴纸、特效、转场、滤镜及调节等八大功能模块。

操作区：操作区中提供了画面、音频、变速、动画及调节等调整功能，当用户选择轨道上的素材后，操作区就会显示对应的调整功能。

“播放器”面板：在“播放器”面板中显示了两个时间码，第1个时间码表示时间位置，第2个时间码表示视频总时长；单击“画质”下拉按钮，在打开的下拉列表框中有两个选项可供选择，分别是“性能优先”和“画质优先”，如果选择“性能优先”选项，将优先保证视频的播放流畅度，如果选择“画质优先”选项，将优先保证画面分辨率，保证视频清晰播放；单击“播放”按钮，即可在预览窗口中播放视频效果；单击按钮，即可在预览窗口中显示示波器面板，辅助视频调色操作；单击“适应”按钮，可在打开的下拉列表框中选择相应的画布尺寸比例，可以调整视频的画面尺寸大小；单击按钮，即可进入全屏状态，查看视频画面效果。

时间线面板：在该面板中提供了选择、切割、撤销、恢复、分割、删除、定格、倒放、镜像、旋转及裁剪等常用的剪辑功能，当用户将素材拖曳至该面板中时，便会自动生成相应的轨道。

10.1.2　快速导入视频素材

扫码看教学视频

【效果展示】：在剪映中剪辑短视频的第一步就是导入视频素材，然后才能对视频素材进行加工处理，效果如图10-6所示。

图 10-6　导入视频效果展示

下面介绍在剪映中导入短视频素材的操作方法。

步骤 01 进入视频剪辑界面，在“媒体”功能区中单击“导入”按钮，如图10-7所示。

步骤 02 弹出“请选择媒体资源”对话框，选择相应的视频素材，如图 10-8 所示。

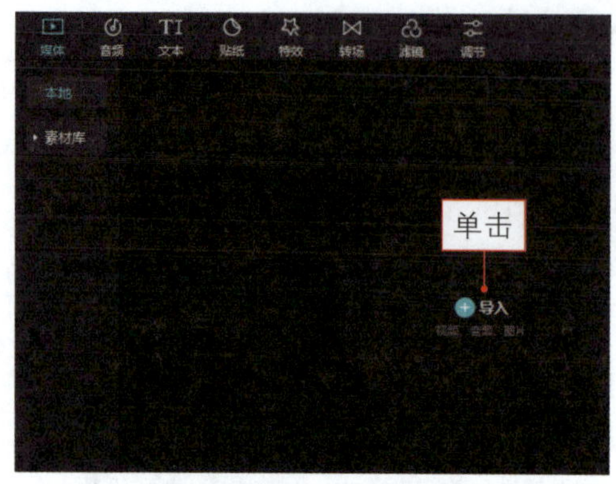

图 10-7　单击“导入”按钮

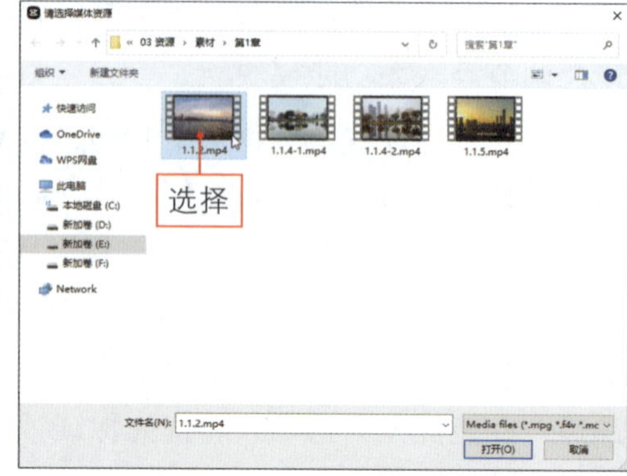

图 10-8　选择相应的视频素材

步骤 03 单击“打开”按钮，将视频素材导入到“本地”选项卡中，如图10-9所示。

图 10-9　导入视频素材

步骤 04 选择视频素材，在预览窗口中即可自动播放视频效果，如图 10-10 所示。

步骤 05 单击素材缩略图右下角的“添加到轨道”按钮，即可将导入的视频添加到视频轨道中，如图10-11所示。

图 10-10　预览视频效果

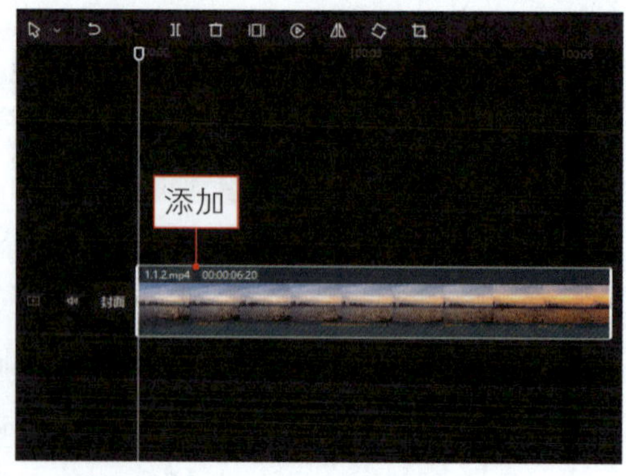

图 10-11　将视频添加到视频轨道中

10.1.3 掌握缩放轨道的方法

扫码看教学视频

在时间线面板中，用户可以根据需要缩放轨道，调整视频的可视长度，下面接着1.1.2节的内容介绍缩放轨道的操作方法。

步骤 01 在时间线面板的右上角，有一个缩放轨道的滑块，向右拖曳滑块至合适位置，即可放大轨道，使视频的可视长度变长，效果如图10-12所示。

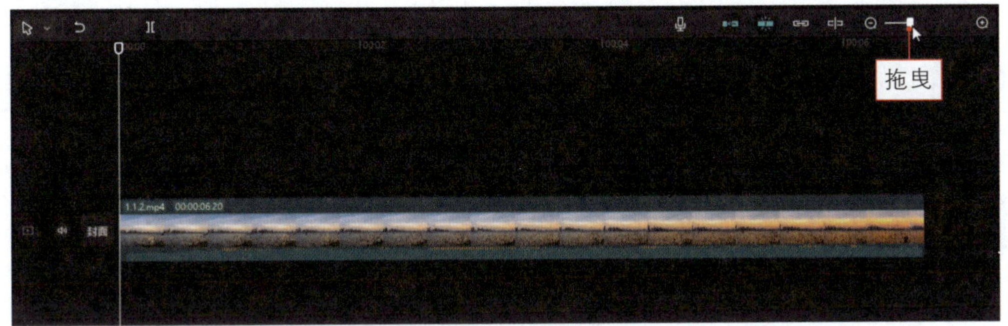

图 10-12 向右拖曳滑块

步骤 02 单击滑块左右两端的“时间线缩小”按钮和“时间线放大”按钮，也可以调整视频的可视长度，例如单击“时间线缩小”按钮，即可缩小轨道，使视频的可视长度变短，效果如图10-13所示。

图 10-13 单击“时间线缩小”按钮

10.1.4 复制和替换视频素材

【效果展示】：在剪映中，可以复制视频素材，也可以替换视频素材，当制作好的视频效果可以套用到其他视频上时，便可以通过剪映的“替换”功能一键套用。替换素材前后的对比效果如图10-14所示。

扫码看案例效果 扫码看教学视频

图 10-14　原素材和替换素材后的效果展示

下面介绍在剪映中复制和替换视频素材的方法。

步骤 01 在视频轨道中添加一个视频素材，选择视频素材，单击鼠标右键，弹出快捷菜单，选择“复制”命令，如图10-15所示。

步骤 02 执行操作后，即可复制视频素材，按【Ctrl+V】组合键，即可将复制的视频素材粘贴到画中画轨道中，效果如图10-16所示。

步骤 03 在“媒体”功能区中，导入第2个视频素材，如图10-17所示。

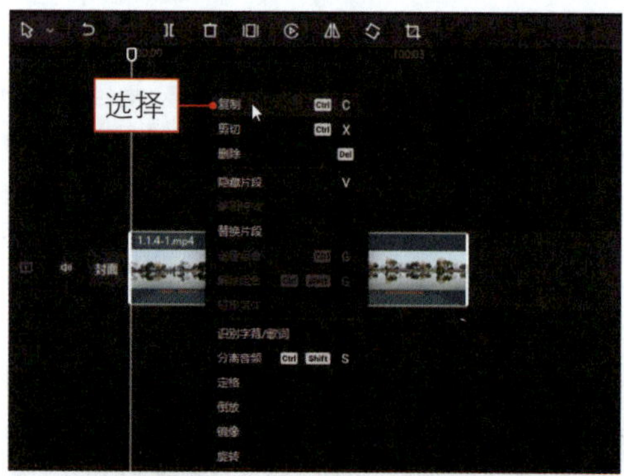

图 10-15　选择“复制”命令

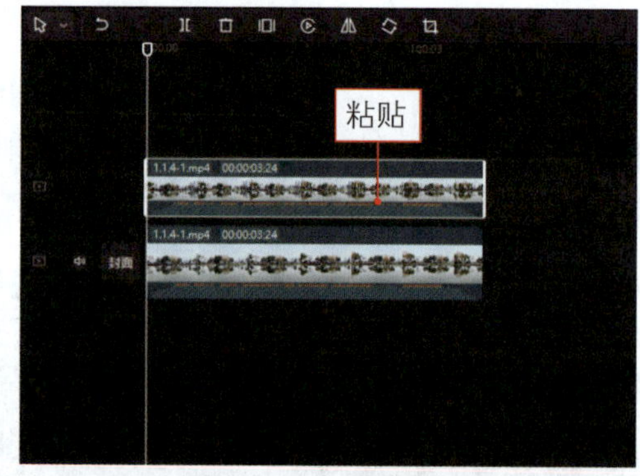

图 10-16　粘贴视频素材

步骤 04 选择第2个视频素材，将其拖曳至画中画轨道中的视频上，如图10-18所示。

图 10-17　导入第 2 个视频素材

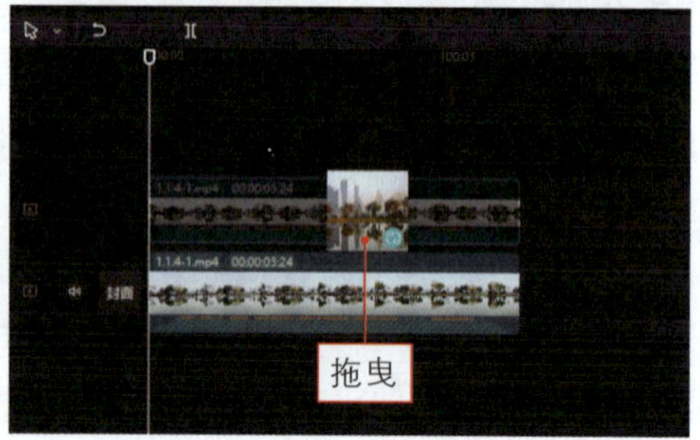

图 10-18　拖曳第 2 个视频素材

步骤 05 释放鼠标，弹出“替换”对话框，单击“替换片段”按钮，如图10-19所示。

步骤 06 执行操作后，即可替换画中画轨道中的视频，效果如图10-20所示。

图 10-19 单击“替换片段”按钮

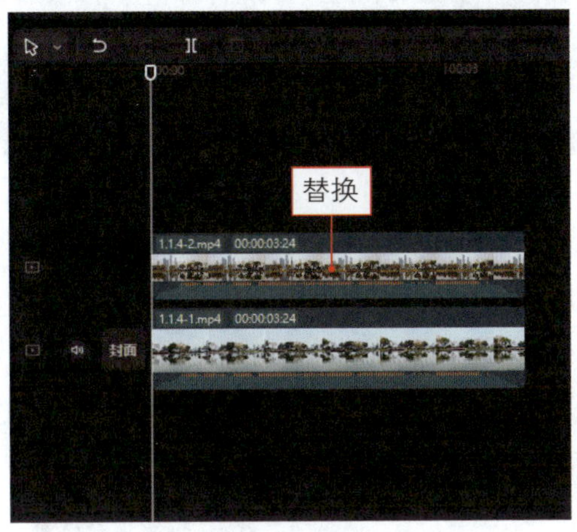

图 10-20 替换画中画轨道中的视频

10.1.5 导出高清质感的画面

【效果展示】：视频剪辑处理完成后，在剪映的“导出”对话框中设置相关参数，可以让视频画质更加高清，播放速度更加流畅。设置导出参数之后的效果如图10-21所示。

扫码看案例效果 扫码看教学视频

图 10-21 导出视频效果展示

下面介绍在剪映中导出视频并设置相关参数的操作方法。

步骤 01 打开一个剪映草稿文件，此时视频轨道中的素材时长已被裁剪，如图10-22所示。

步骤 02 单击界面右上角的“导出”按钮，如图10-23所示。

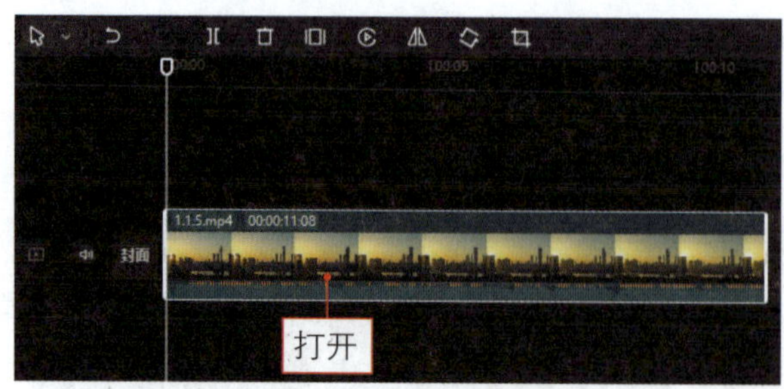

图 10-22　打开草稿文件

图 10-23　单击“导出”按钮

步骤 03 弹出“导出”对话框，在“作品名称”文本框中更改名称，如图10-24所示。

步骤 04 单击“导出至”右侧的▣按钮，弹出“请选择导出路径”对话框，❶选择相应的保存路径；❷单击“选择文件夹”按钮，如图10-25所示。

图 10-24　更改作品名称

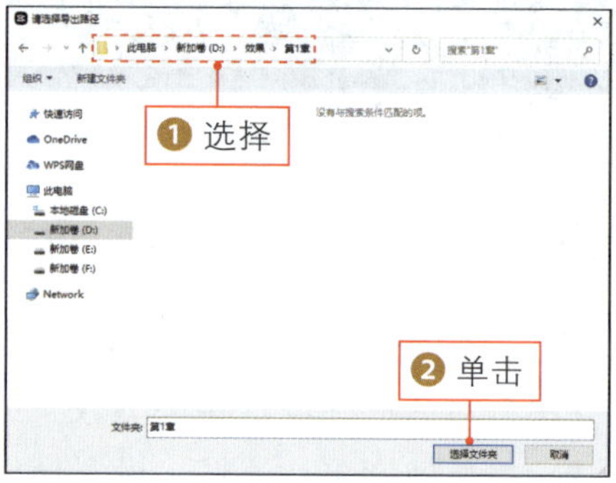

图 10-25　单击“选择文件夹”按钮

步骤 05 在“分辨率”下拉列表框中选择4K选项，可以让导出的视频素材画质更加高清，如图10-26所示。

步骤 06 在“码率”下拉列表框中选择“更高”选项，也能提高视频分辨率，如图10-27所示。

图 10-26　选择 4K 选项

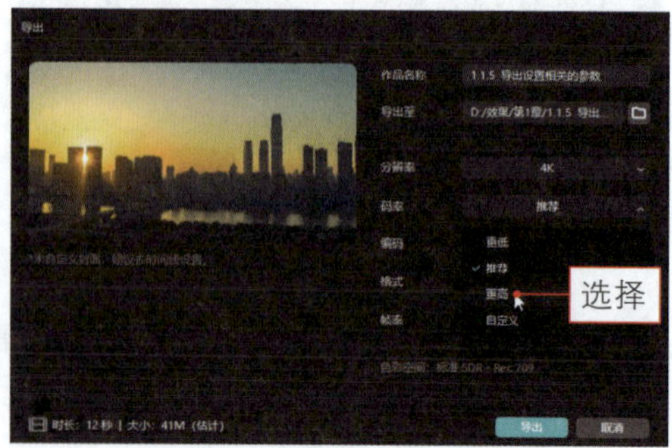

图 10-27　选择“更高”选项

步骤 07 设置默认的“编码”和“格式”选项，方便视频素材导出之后的压缩和播放，如图10-28所示。

步骤 08 ❶在“帧率”下拉列表框中选择50fps选项，让视频播放速度更加流畅；❷单击“导出”按钮，如图10-29所示。

图 10-28 设置默认的“编码”和“格式”选项

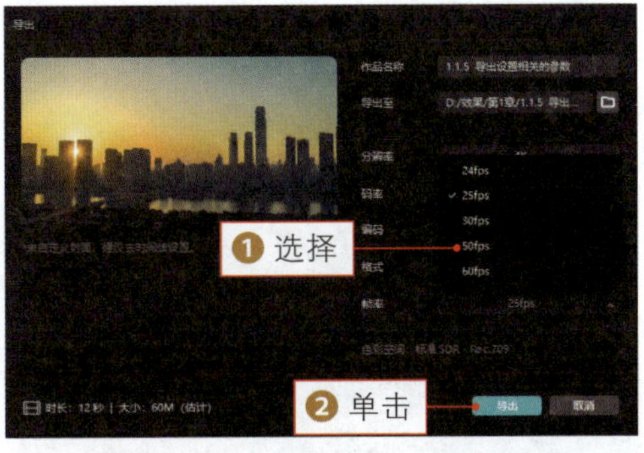

图 10-29 单击“导出”按钮

步骤 09 导出完成后，❶单击“西瓜视频”按钮，即可打开浏览器，发布视频至西瓜视频平台；❷单击“抖音”按钮，即可发布视频至抖音平台；如果用户不需要发布视频，❸单击“关闭”按钮，即可完成视频的导出操作，如图10-30所示。

图 10-30 单击“关闭”按钮

★ 专家指点 ★

在导出过程中，如果发现设置错误，此时可以单击“取消”按钮取消导出。完成导出操作后，会返回视频剪辑界面，如果需要查看导出的视频，可以在导出的路径文件夹中找到导出的视频，查看其是否可以正常播放。

10.2 掌握剪映的剪辑功能

剪映电脑版功能强大，为用户提供了分割、删除、定格、倒放、镜像、旋转、视频防抖及美颜等剪辑功能，用户只有掌握这些基本的剪辑功能，才能快速入门。

10.2.1 视频的基本剪辑方法

扫码看案例效果

扫码看教学视频

【效果说明】：在剪映中导入素材后，就可以进行基本的剪辑操作了。当导入的素材时长太长时，可以对素材进行分割操作，将多余的视频片段删除，只留下需要的片段，从而突出原始视频素材中的重点画面。剪辑素材之后的效果如图10-31所示。

图 10-31 剪辑素材之后的效果展示

下面介绍在剪映中剪辑视频的操作方法。

步骤 01 在剪映视频轨道中，添加一个视频素材，如图10-32所示。

步骤 02 ❶将时间指示器拖曳至00:00:06:00位置；❷单击“分割”按钮 ，如图10-33所示。

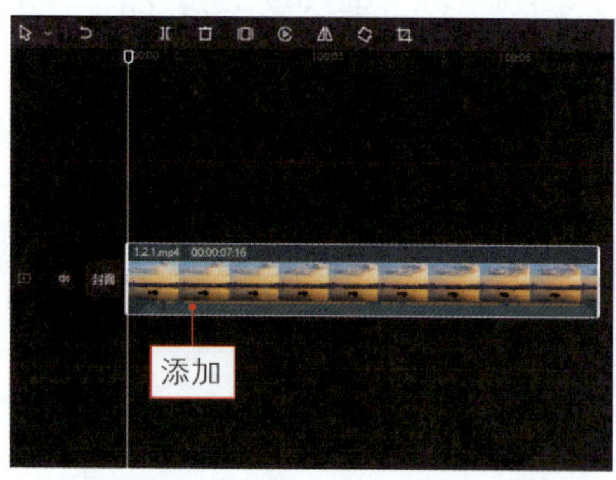

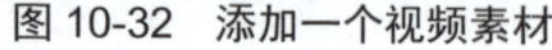

图 10-32 添加一个视频素材

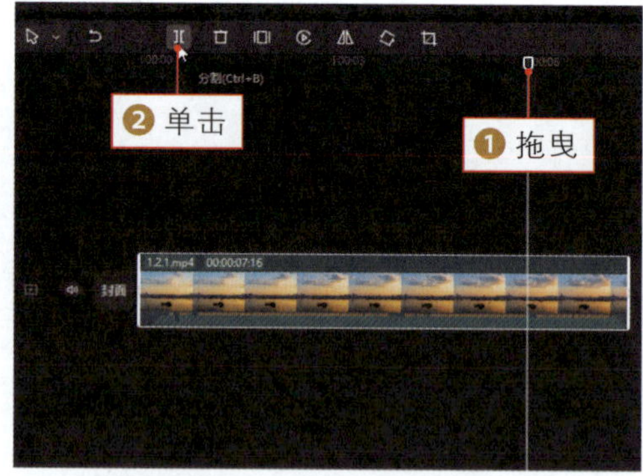

图 10-33 单击“分割”按钮

步骤 03 分割视频素材后，❶选择后半段不需要的素材；❷单击“删除”按钮 ，如图10-34所示。

步骤 04 执行操作后，即可删除不需要的素材片段，完成视频的基本剪辑操作，如图10-35所示。

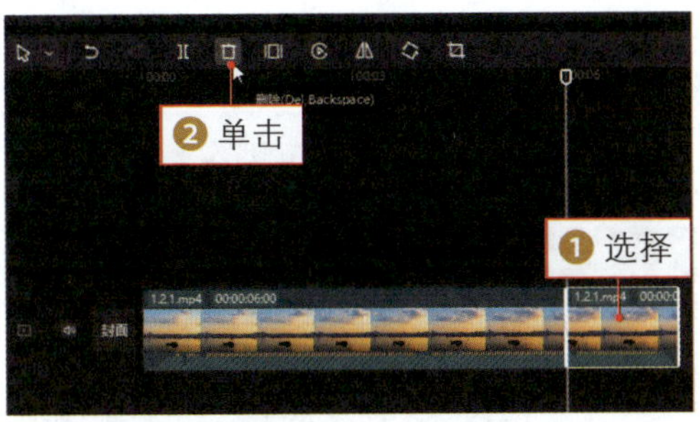

图 10-34 单击“删除”按钮

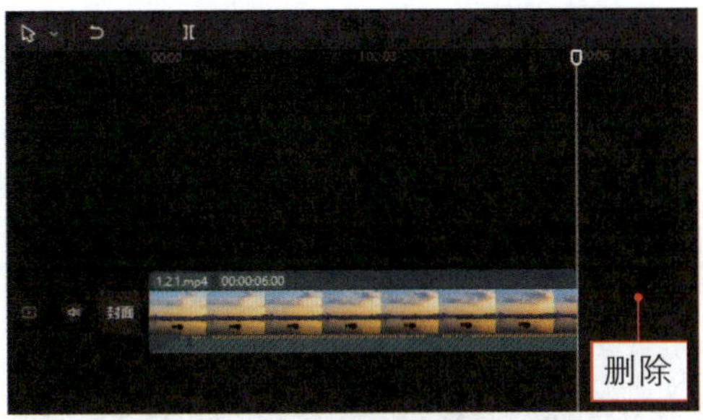

图 10-35 删除不需要的素材片段

10.2.2 用视频防抖功能稳定画面

扫码看案例效果

扫码看教学视频

【效果说明】：如果拍摄视频时设备不稳定，视频画面一般都会有些晃动，此时剪映新出的视频防抖功能就能发挥作用了，利用该功能可以帮助用户稳定视频画面，一键轻松搞定，效果如图10-36所示。

图 10-36 视频防抖效果展示

下面介绍在剪映中利用“视频防抖”功能稳定画面的操作方法。

步骤 01 在视频轨道中，添加视频素材，如图10-37所示。

步骤 02 在“画面”操作区中，选择底部下方的“视频防抖”复选框，如图10-38所示。

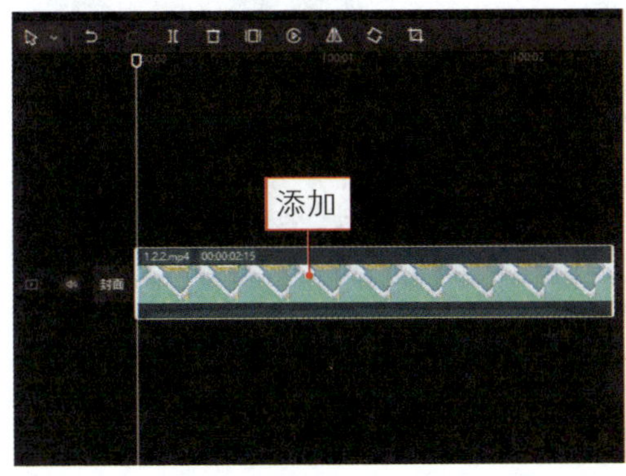

图 10-37 添加视频素材

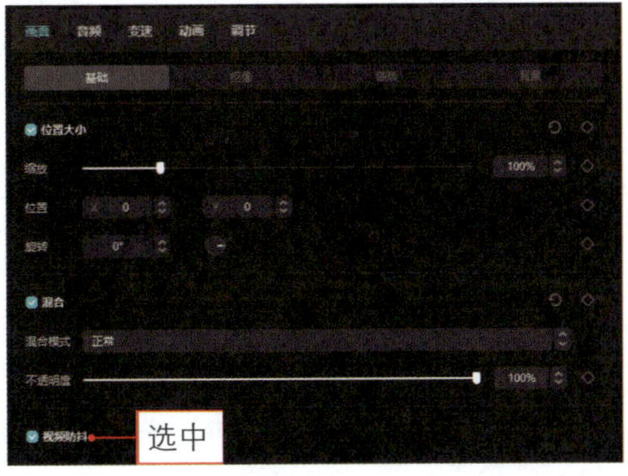

图 10-38 选择“视频防抖”复选框

步骤 03 在“防抖等级”下拉列表框中包括“推荐”“裁切最少”“最稳定”3个选项，选择“最稳定”选项，如图10-39所示。

步骤 04 在预览窗口中可以播放视频，查看画面稳定效果，如图10-40所示。

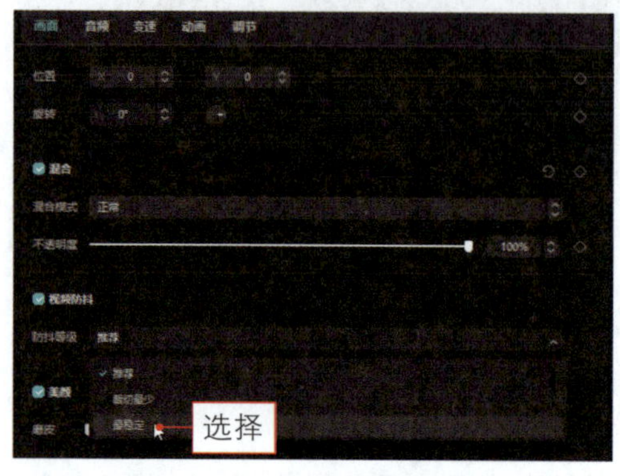

图 10-39　选择“最稳定”选项

图 10-40　查看画面稳定效果

★ 专家指点 ★

如果一次防抖设置不明显，可以导出视频后再导入，重复几次防抖设置，从而稳定画面。

10.2.3　制作画面定格的效果

扫码看案例效果

扫码看教学视频

【效果展示】：利用剪映中的“定格”功能，可以让视频画面定格在某个瞬间。用户在碰到精彩的画面镜头时，即可使用“定格”功能来延长这个镜头的播放时间，从而增加视频对观众的吸引力，效果如图10-41所示。

图 10-41　画面定格效果展示

下面介绍在剪映中利用“定格”功能定格画面的操作方法。

步骤 01 在视频轨道中，添加视频素材，如图10-42所示。

步骤 02 ❶将时间指示器拖曳至视频结尾处；❷单击“定格”按钮，如图10-43所示。

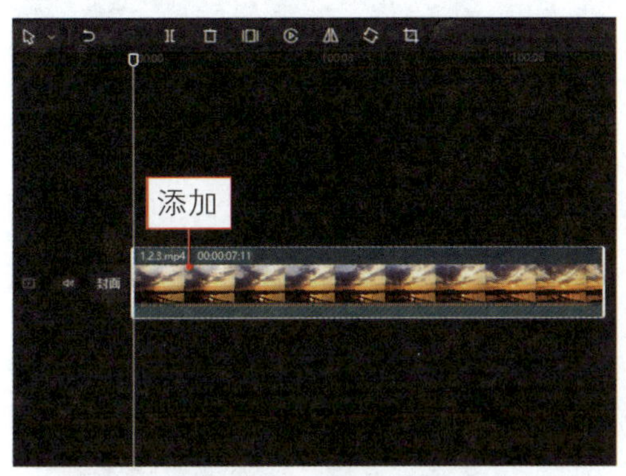

图 10-42 添加视频素材

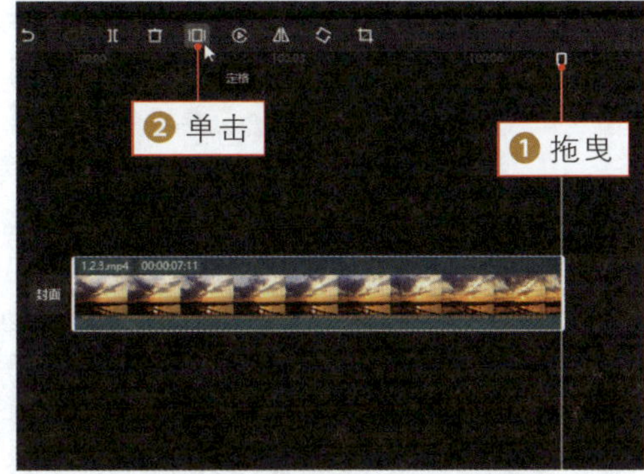

图 10-43 单击“定格”按钮

步骤 03 执行操作后，即可生成定格片段，如图10-44所示。

步骤 04 拖曳定格片段右侧的白色拉杆，即可调整其时间长度，如图10-45所示。

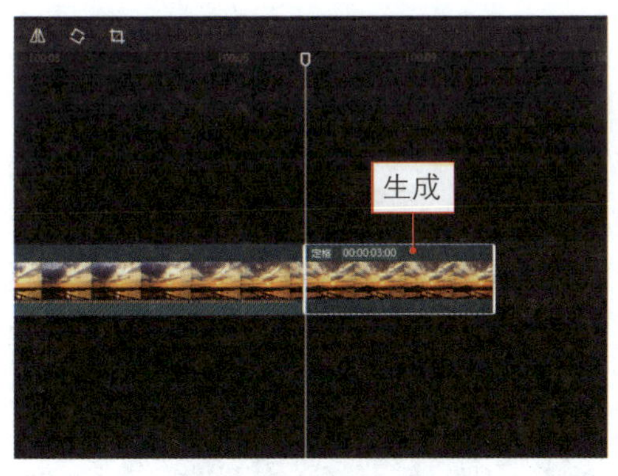

图 10-44 生成定格片段

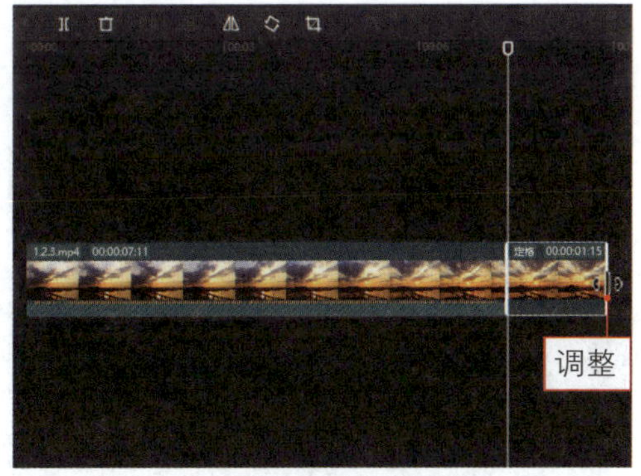

图 10-45 调整定格片段的时间长度

10.2.4 对视频进行倒放处理

扫码看案例效果

扫码看教学视频

【效果展示】：在制作一些短视频时，可以将其倒放，从而得到更加具有创意的效果，使视频呈现时光倒流，效果如图10-46所示。

图 10-46　视频倒放效果展示

下面介绍在剪映中对视频进行倒放处理的操作方法。

步骤 01 在剪映中导入视频素材并将其添加到视频轨道，如图10-47所示。在预览窗口中可以查看视频画面。

步骤 02 ❶选择视频素材，单击鼠标右键；❷在弹出的快捷菜单中选择“分离音频”命令，如图10-48所示。

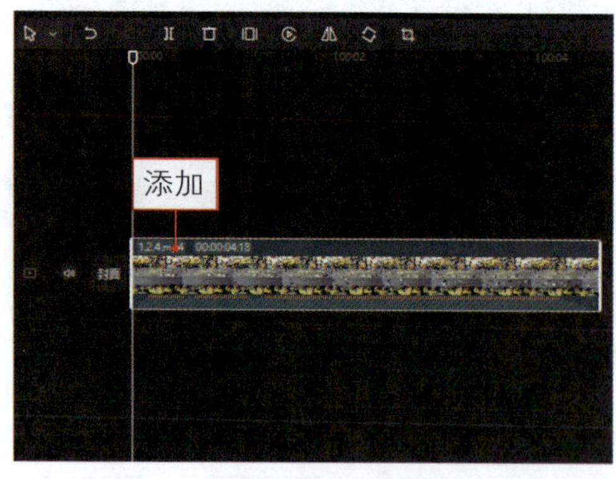

图 10-47　将视频添加到视频轨道中

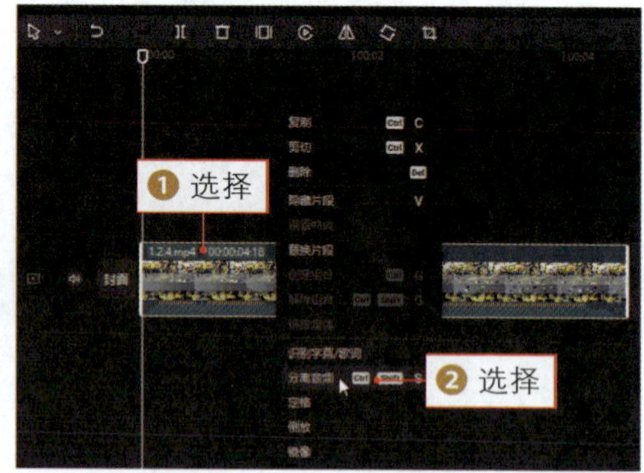

图 10-48　选择“分离音频”命令

步骤 03 执行操作后，即可将视频中的背景音乐分离到音频轨道中，如图10-49所示。

步骤 04 ❶选择视频素材；❷单击“倒放”按钮，如图10-50所示。

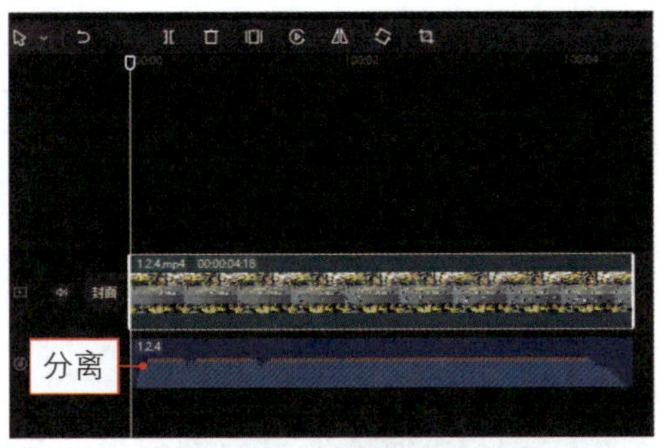

图 10-49 分离背景音乐

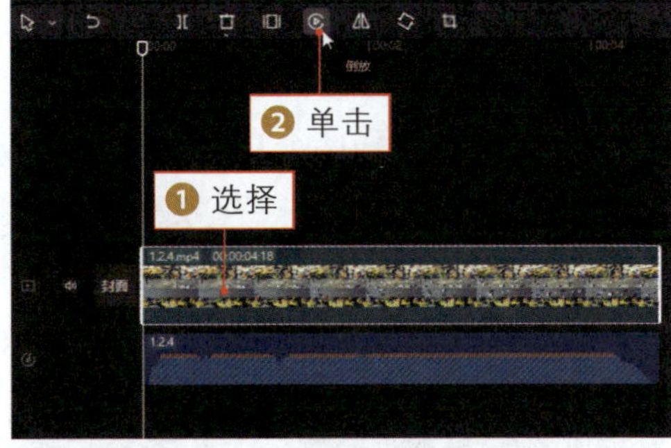

图 10-50 单击“倒放”按钮

步骤 05 执行上述操作后，即可对视频进行倒放处理，并显示处理进度，如图10-51所示。

步骤 06 稍等片刻，即可完成倒放处理，如图10-52所示。

图 10-51 显示处理进度

图 10-52 提示倒放完成

10.2.5 对视频进行旋转镜像

扫码看案例效果

扫码看教学视频

【效果展示】：使用剪映中的“旋转”功能，可以对视频画面进行顺时针90° 的旋转操作，能够简单地纠正画布的视角，配合“镜像”功能和“蒙版”功能还可以打造出一些特殊的画面效果，如图10-53所示。

图 10-53 旋转镜像处理视频后的效果展示

下面介绍在剪映中对视频进行旋转镜像的操作方法。

步骤 01 在剪映中导入一个视频素材，双击视频素材右下角的“添加到轨道”按钮，添加两个重复的素材到视频轨道中，如图10-54所示。

步骤 02 选择后一段视频素材，❶按住鼠标左键将其拖曳至上方的画中画轨道中；❷选择视频轨道上的素材；❸连续单击两次“旋转”按钮；❹并单击“镜像”按钮，翻转视频画面，如图10-55所示。

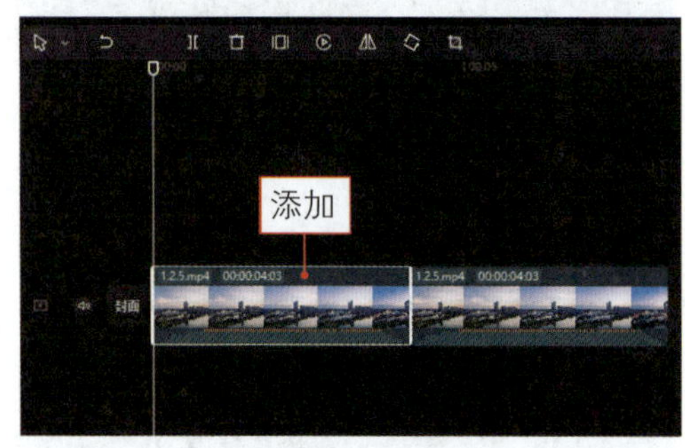

图 10-54　添加两个重复素材到视频轨道中

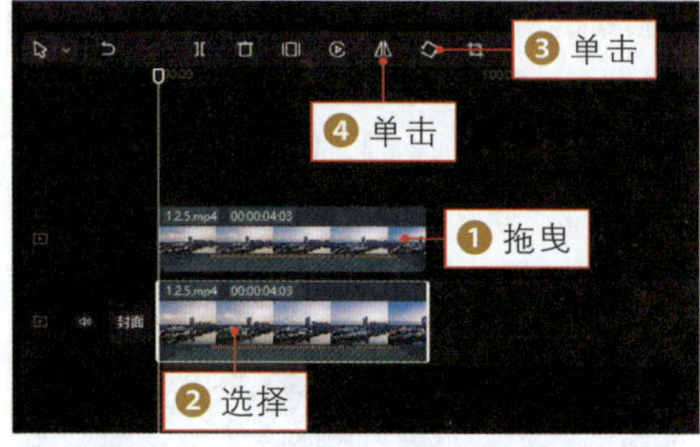

图 10-55　旋转并镜像视频画面

步骤 03 执行上述操作后，即可形成垂直翻转的画面效果，如图10-56所示。

步骤 04 在预览窗口中，适当调整视频轨道和画中画轨道中视频的画面位置，形成上下对称的画面效果，如图10-57所示。

图 10-56　垂直翻转画面

图 10-57　调整视频位置

★ 专家指点 ★

利用剪映中的“镜像”功能，可以对视频画面进行水平镜像翻转操作，主要用于纠正画面视角或者打造多屏播放效果。

步骤 05 在“画面”操作区的“蒙版”选项卡中，❶选择“线性”蒙版；❷单击“反转”按钮，如图 10-58 所示。

步骤06 在预览窗口中，调整线性蒙版的位置，使两个视频画面交叠的位置融合衔接，如图10-59所示。

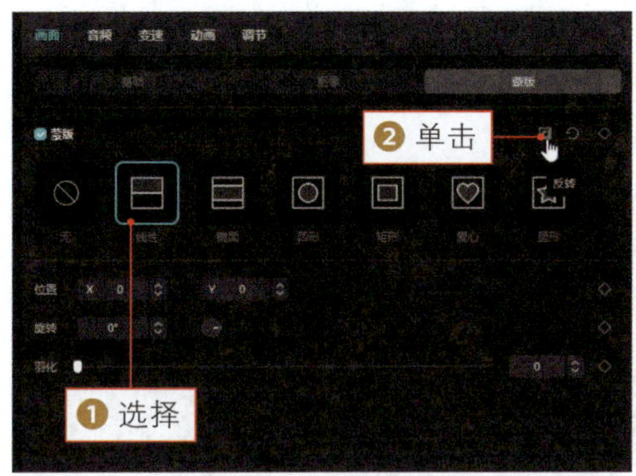

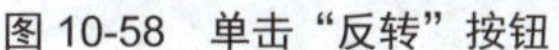
图 10-58 单击“反转”按钮

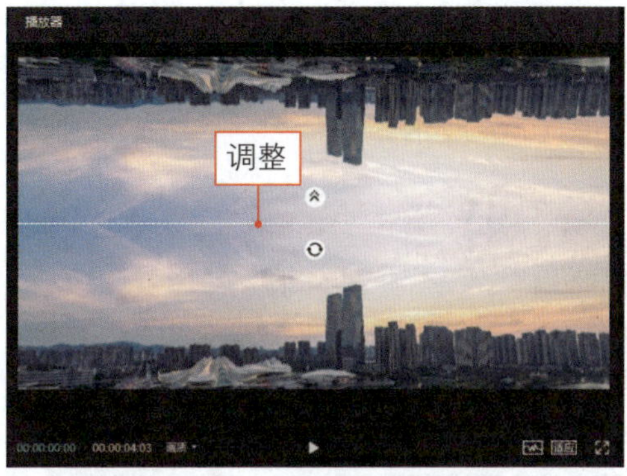

图 10-59 调整线性蒙版的位置

10.2.6 对人像视频进行美颜处理

扫码看案例效果

扫码看教学视频

【效果展示】：在剪映的“画面”操作区中，选择“美颜”复选框，在下方调整“瘦脸”参数，可以为视频中的人物进行瘦脸处理；调整“磨皮”参数，可以为视频中的人物进行磨皮处理，去除人物皮肤上的瑕疵、斑点等，使人物皮肤看起来更光洁、更靓丽，效果如图10-60所示。

图 10-60 对人像视频进行美颜处理后的效果展示

下面介绍在剪映中对人像视频进行美颜处理的操作方法。

步骤 01 在剪映中导入一个视频素材，双击视频素材右下角的“添加到轨道”按钮，添加两个重复的素材到视频轨道中，如图10-61所示。

步骤 02 ❶将时间指示器拖曳至00:00:01:20位置；❷选择第2段视频素材，如图10-62所示。

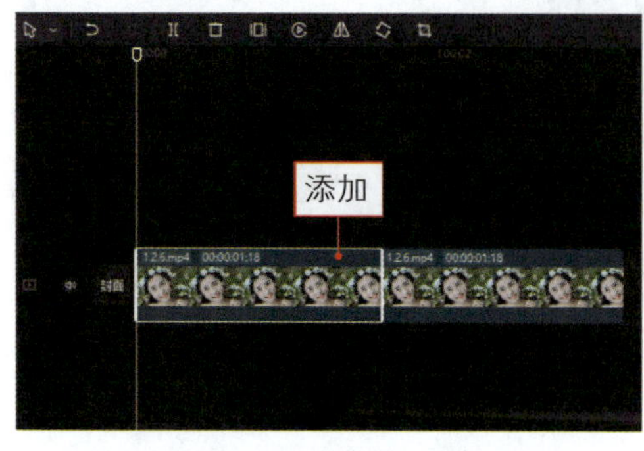

图 10-61　添加两个重复素材到视频轨道中

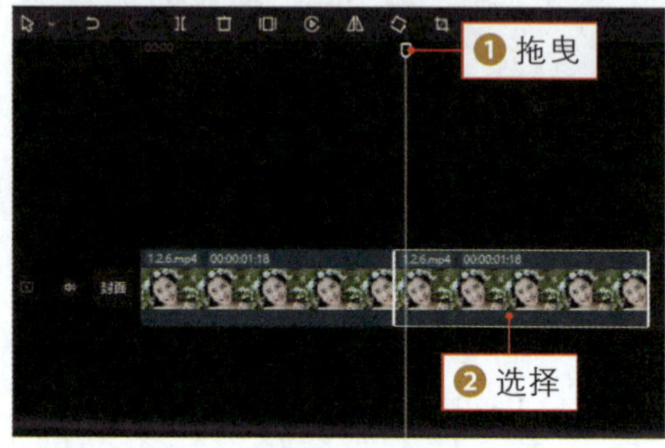

图 10-62　选择第 2 段视频素材

步骤 03 在预览窗口中，可以预览视频画面效果，可以看到人物脸部有许多斑点瑕疵，如图10-63所示。

步骤 04 ❶切换至“画面”操作区；❷选择“美颜”复选框；❸拖曳“磨皮”滑块和“瘦脸”滑块至最右端，将参数调整为最大值，如图10-64所示。

图 10-63　预览视频画面效果

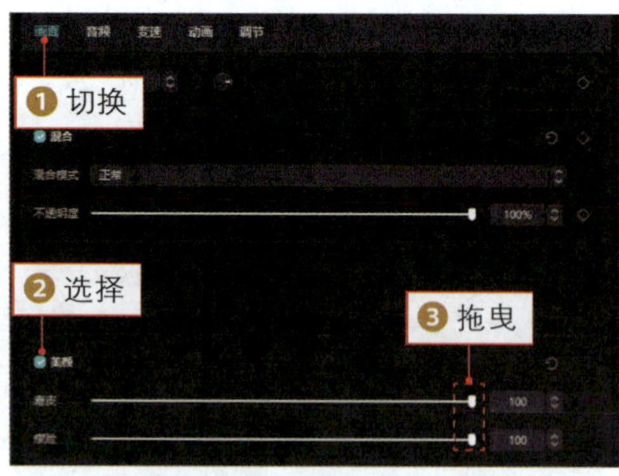

图 10-64　拖曳相应滑块

步骤 05 将时间指示器拖曳至开始位置，❶切换至“特效”功能区；❷展开“基础”选项卡；❸单击“变清晰”特效中的“添加到轨道”按钮，如图10-65所示。

步骤 06 执行上述操作后，即可添加一个“变清晰”特效，并适当调整特效的时长，如图10-66所示。

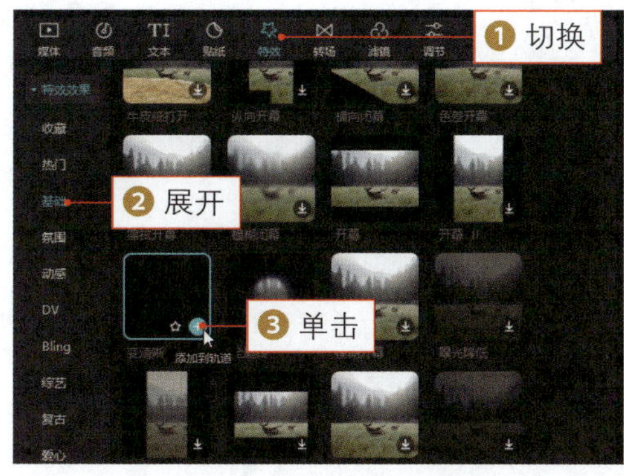

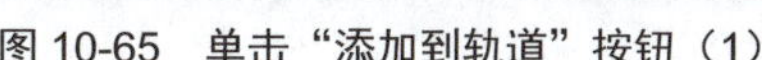
图 10-65 单击“添加到轨道”按钮（1）

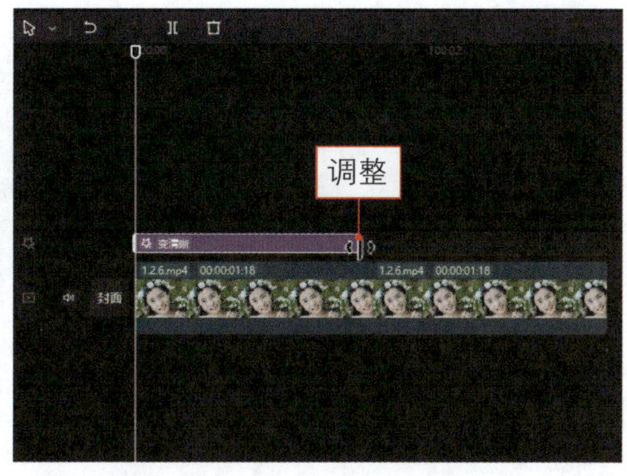

图 10-66 调整“变清晰”特效时长

步骤 07 执行操作后，将时间指示器拖曳至第2段视频的开始位置处，在“特效”功能区中，❶展开“氛围”选项卡；❷单击“星光绽放”特效中的“添加到轨道”按钮，如图10-67所示。

步骤 08 执行操作后，即可在轨道上添加一个“星光绽放”特效，并适当调整特效的时长，如图10-68所示。

图 10-67 单击“添加到轨道”按钮（2）

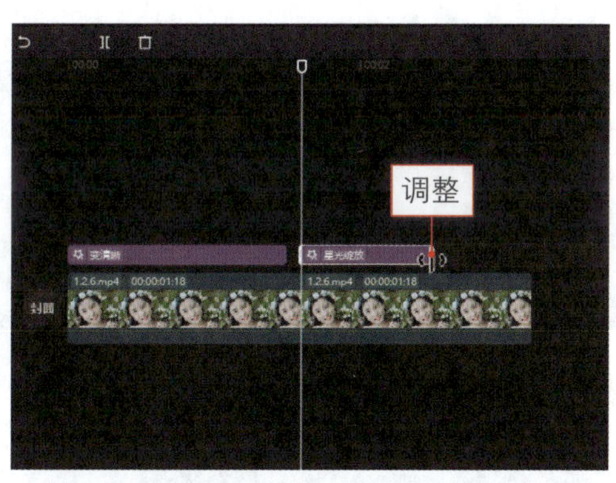

图 10-68 调整“星光绽放”特效的时长

步骤 09 选中第2段视频，在“动画”操作区的“入场”选项卡中，选择“向右甩入”动画，如图10-69所示。执行上述操作后，添加一段合适的背景音乐，在预览窗口中播放视频，预览视频中人物美颜处理后的效果。

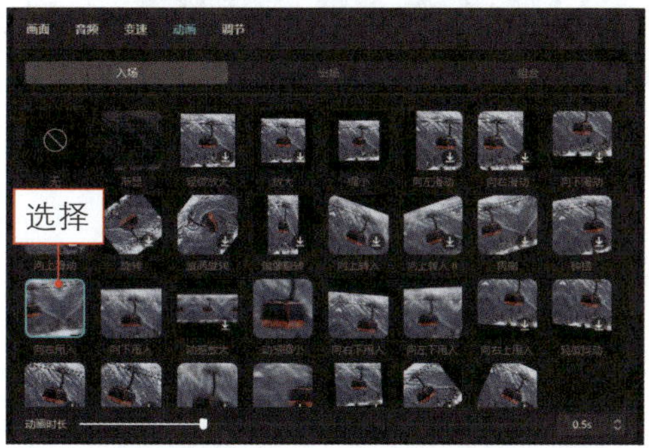

图 10-69 选择“向右甩入”动画

第 11 章

影视特效师向导：制作酷炫特效画面

11.1 制作基础视频特效

在影视剧和短视频中，特效的使用频率非常高。在剪映中，用户可以制作出各种炫酷的视频特效，打造精彩的爆款短视频。本节主要介绍制作召唤闪电、偷走影子及控制雨水3个基础特效的操作方法。

11.1.1 制作召唤闪电特效

扫码看案例效果

扫码看教学视频

【效果展示】：制作召唤闪电特效需要用到留白较多的天空背景视频，还可以给视频添加“闪电”特效，让画面更加震撼，效果如图11-1所示。

图 11-1 召唤闪电效果展示

下面介绍在剪映中制作召唤闪电特效的操作方法。

步骤 01 把人物举手召唤的视频素材和闪电特效素材导入到“本地”选项卡中，单击人物素材右下角的“添加到轨道”按钮 + ，如图11-2所示，把素材添加到视频轨道中。

步骤 02 ❶拖曳时间指示器至视频00:00:01:13人物握拳的位置；❷把闪电素材拖曳至画中画轨道中；❸调整闪电素材的时长，使其末端对齐人物素材的末尾位置，如图11-3所示。

步骤 03 在“画面”操作区的“基础”选项卡中，❶设置“混合模式”为“滤色”；❷在预览窗口中调整闪电的大小和位置，使其处于人物手上的位置，如图11-4所示。

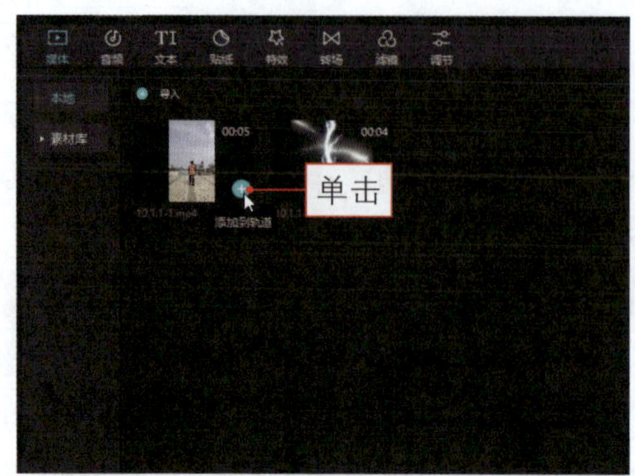

图 11-2　单击“添加到轨道”按钮（1）

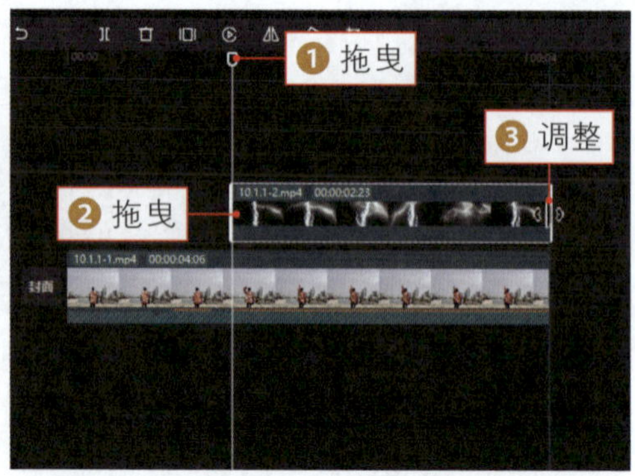

图 11-3　调整闪电素材的时长

图 11-4　调整闪电的大小和位置

步骤 04 ❶切换至“蒙版”选项卡；❷选择“线性”蒙版；❸调整蒙版线的位置；❹拖曳按钮，微微羽化边缘，如图11-5所示，使闪电素材与背景画面之间的过渡更加自然。

步骤 05 ❶单击“特效”按钮；❷切换至“自然”选项卡；❸单击“闪电”特效中的“添加到轨道”按钮，如图11-6所示，添加“闪电”特效。

步骤 06 调整“闪电”特效的时长，使其末端对齐视频的末尾位置，如图11-7所示。执行操作后，即可完成召唤闪电特效的制作。

图 11-5 拖曳相应的按钮

图 11-6 单击“添加到轨道”按钮（2）

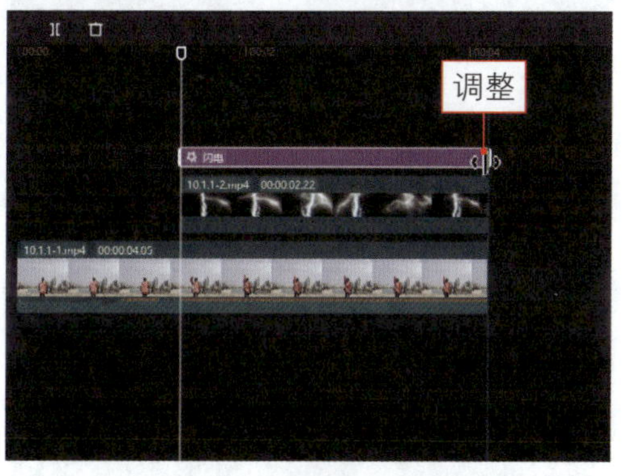

图 11-7 调整“闪电”特效的时长

11.1.2 制作偷走影子特效

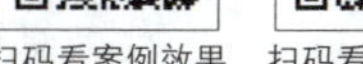

扫码看案例效果 扫码看教学视频

【效果展示】：利用“蒙版”功能可以制作出偷走影子的视频。可以看到瓶子中的花没有被拿走，但是花的影子却被一只手影拿走了，效果如图11-8所示。

图 11-8 偷走影子效果展示

下面介绍在剪映中制作偷走影子特效的操作方法。

步骤 01 在视频轨道中添加一个视频素材，单击“定格”按钮▣，如图 11-9 所示。

步骤 02 生成定格片段后，❶将视频素材拖曳至画中画轨道中；❷调整定格片段的时长与视频的时长一致，如图11-10所示。执行操作后，选择画中画轨道中的视频素材。

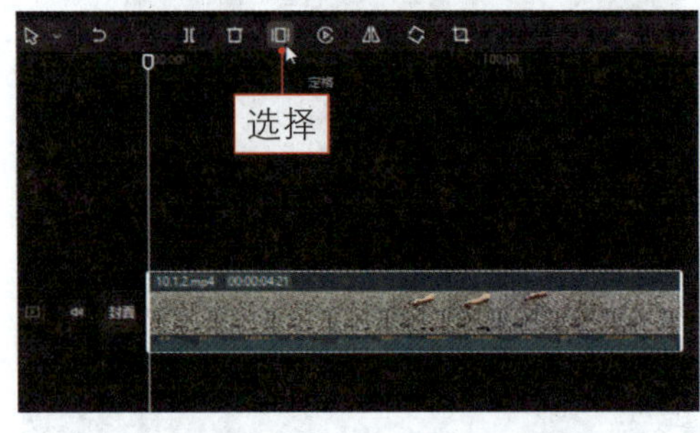

图 11-9　单击“定格”按钮

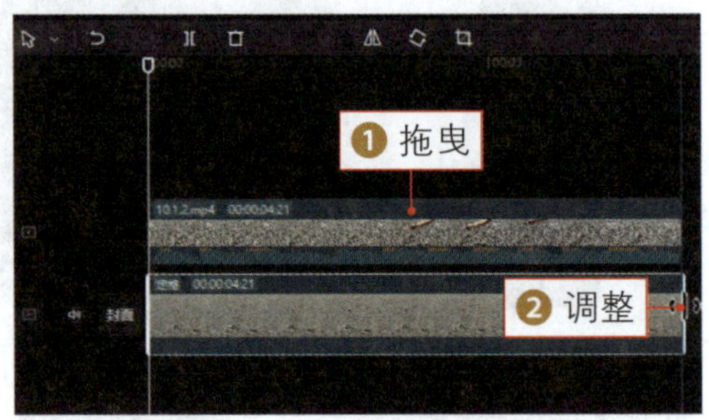

图 11-10　调整定格片段的时长

步骤 03 在“画面”操作区的“蒙版”选项卡中，选择“矩形”蒙版，如图11-11所示。

步骤 04 在预览窗口中，调整蒙版的大小和羽化程度，效果如图11-12所示。执行操作后，即可完成偷走影子特效的制作。

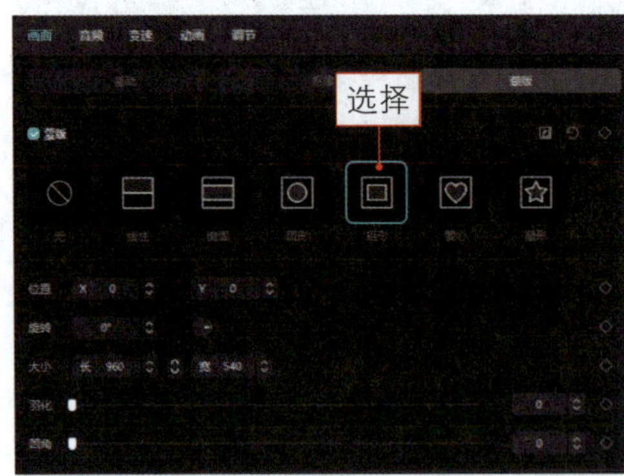

图 11-11　选择“矩形”蒙版

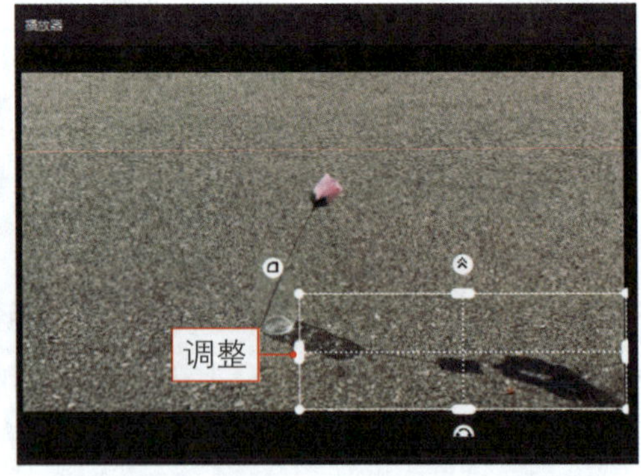

图 11-12　调整蒙版的大小和羽化程度

11.1.3　制作控制雨水特效

扫码看案例效果

扫码看教学视频

【效果展示】：在制作控制雨水特效时，要更多地注重运镜方向和人物姿势，只有配合得好才能制作出理想的效果，如图11-13所示。

图 11-13 控制雨水效果展示

下面介绍在剪映中制作控制雨水特效的操作方法。

步骤 01 把人物举手的视频素材和下雨素材导入到“本地”选项卡中，单击人物素材右下角的“添加到轨道”按钮，如图11-14所示，把素材添加到视频轨道中。

步骤 02 ❶拖曳下雨素材至画中画轨道中；❷调整人物素材的时长与下雨素材的时长对齐，如图11-15所示。

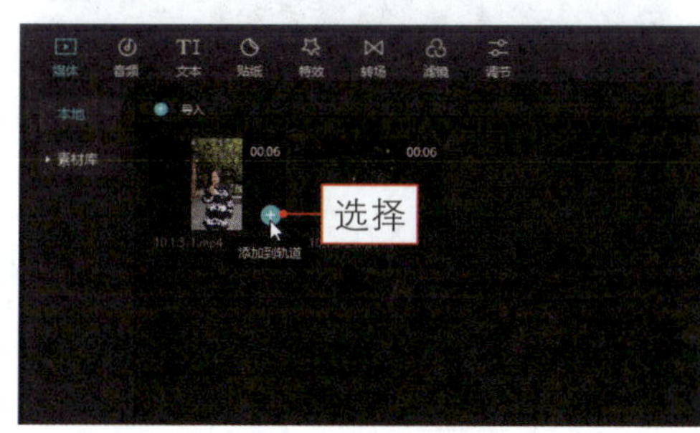

图 11-14 单击“添加到轨道”按钮（1）

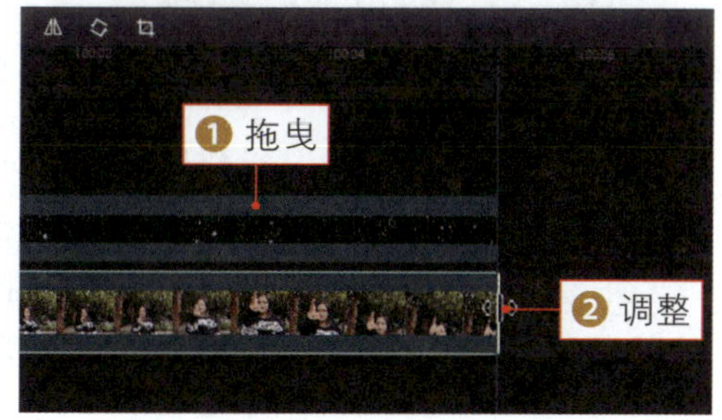

图 11-15 调整人物素材的时长

步骤 03 选择下雨素材，在“画面”操作区的“基础”选项卡中，❶设置“混合模式”为“滤色”；❷在预览窗口中调整下雨素材的大小，使其覆盖画面，如图11-16所示。

步骤 04 在“特效”功能区的“自然”选项卡中，单击“下雨”特效右下角的“添加到轨道”按钮，如图11-17所示，添加下雨特效。

步骤 05 调整“下雨”特效的时长，使其与视频素材的时长对齐，如图11-18所示。

图 11-16　调整下雨素材的大小

图 11-17　单击“添加到轨道”按钮（2）

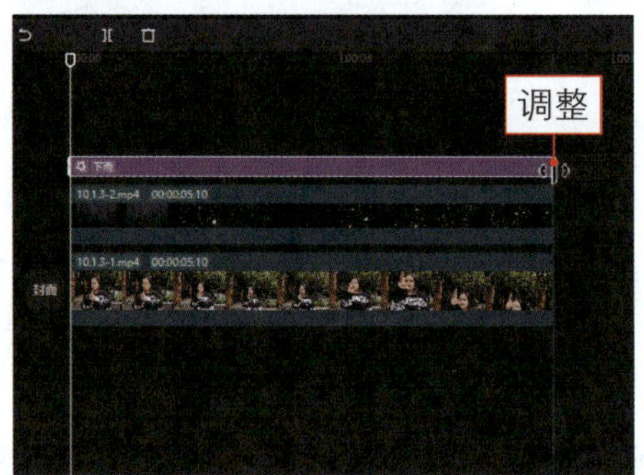

图 11-18　调整“下雨”特效的时长

步骤 06 在“音频”操作区的“音乐素材”|“卡点”选项卡中，单击所选音乐右下角的“添加到轨道”按钮，如图11-19所示，添加背景音乐。

步骤 07 调整音乐的时长，使其与视频素材的时长对齐，如图11-20所示。执行上述操作后，即可完成控制雨水特效的制作。

图 11-19　单击“添加到轨道”按钮（3）

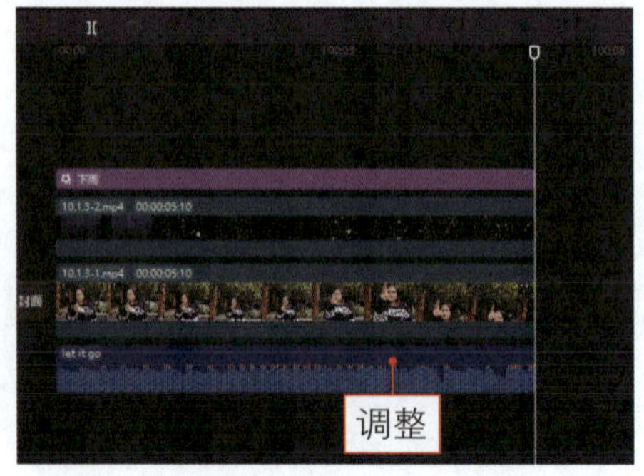

图 11-20　调整音乐的时长

11.2 制作影视同款特效

前面介绍了一些基础的视频特效，本节将向大家介绍几个影视剧中的同款特效，例如神话片中的腾云飞行特效、武侠片中的凌波微步特效及科幻片中的变身蜘蛛侠特效等。这些特效都有一个共同的作用，即借助特效展示出主角的厉害和威武，实现各种场景效果。

11.2.1 制作腾云飞行特效

扫码看案例效果

扫码看教学视频

【效果展示】：在神话片中，飞行特效既有人物直接飞行的，也有借助外力飞行的，包括云朵、动物、武器、飞毯及飞舟等，如《西游记》中孙悟空的飞行工具就是筋斗云。在剪映中制作腾云飞行特效主要是运用抠图和关键帧来合成特效，如图11-21所示。

图 11-21 腾云飞行效果展示

下面介绍在剪映中制作腾云飞行特效的操作方法。

步骤 01 把天空背景视频素材、人物假装飞行的视频素材和云朵素材导入到“本地”选项卡中，单击天空特效素材右下角的“添加到轨道”按钮，如图11-22所示，把素材添加到视频轨道中。

步骤 02 拖曳人物素材至画中画轨道中并调整其时长，如图11-23所示。

图 11-22　单击“添加到轨道”按钮（1）

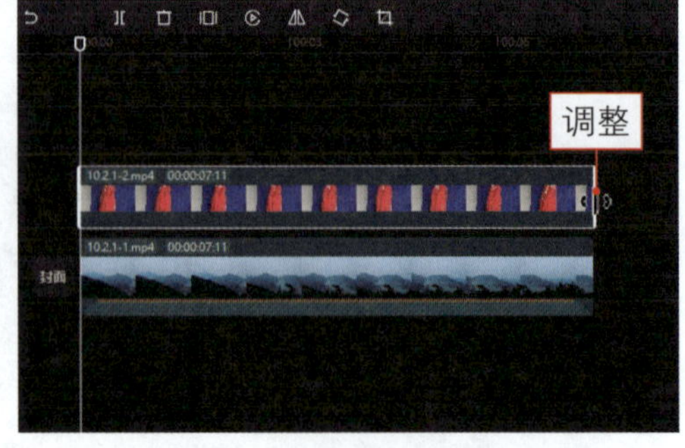

图 11-23　调整人物素材的时长

步骤 03 在“画面”操作区的“抠像”选项卡中，选择“智能抠像”复选框，抠出人像，如图11-24所示。

步骤 04 把云朵素材拖曳至第2条画中画轨道中，在“画面”操作区的“基础”选项卡中，设置“混合模式”为“滤色”，如图11-25所示。

图 11-24　选择“智能抠像”复选框

图 11-25　设置“滤色”模式

步骤 05 在视频起始位置，❶调整人物素材的大小和位置；❷在“画面”操作区的“基础”选项卡中，点亮“位置”和“缩放”右侧的关键帧◆；❸用同样的方法给云朵素材添加同样的关键帧并调整其大小和位置，使其处于人物脚下的位置，生成第1组关键帧，如图11-26所示。

步骤 06 拖曳时间指示器至视频00:00:01:00位置，调整人物素材和云朵素材的大小和位置，如图11-27所示。在“画面”操作区的“基础”选项卡中，“位置”和“缩放”右侧会自动点亮关键帧◆，生成第2组关键帧。

步骤 07 拖曳时间指示器至视频00:00:04:00位置，在“画面”操作区的“基础”选项卡中，点亮人物素材和云朵素材“位置”和“缩放”的关键帧◆，生成第3组关键帧，如图11-28所示。

图 11-26 调整素材的大小和位置

图 11-27 调整人物和云朵的大小和位置

图 11-28 生成第 3 组关键帧

步骤 08 拖曳时间指示器至视频 00:00:06:15 位置，再次调整人物素材和云朵素材的大小和位置，如图 11-29 所示。在“画面”操作区的“基础”选项卡中，“位置”和“缩放”右侧会自动点亮关键帧◆，生成第 4 组关键帧，使人物越向前飞行，就会变得越小，呈现出越飞越远的视觉感，完成腾云飞行特效的制作。

图 11-29　再次调整人物和云朵的大小和位置

11.2.2　制作凌波微步特效

扫码看案例效果

扫码看教学视频

【效果展示】：凌波微步特效是《天龙八部》中段誉的核心武功，制作该特效时需要用多段视频素材来合成，通过降低不透明度，制作出人物虚影的效果，展示出武功虚无缥缈的效果，如图11-30所示。

图 11-30　凌波微步效果展示

下面介绍在剪映中制作凌波微步特效的操作方法。

步骤 01 把人物在空地上跑步的视频素材和背景音乐导入到“本地”选项卡中，单击人物素材右下角的“添加到轨道”按钮，如图11-31所示，把素材添加到视频轨道中。

步骤 02 在“变速”操作区的“常规变速”选项卡中，设置“倍数”参数为2.4x，让人物跑步的速度加快一下，如图11-32所示。

图 11-31 单击“添加到轨道”按钮（1）

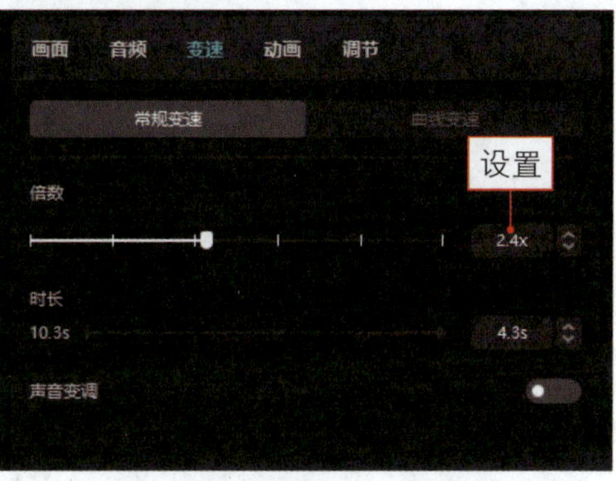

图 11-32 设置“倍数”参数

步骤 03 ❶拖曳滑块，放大时间线面板至最大；❷拖曳时间指示器至视频2f的位置；❸复制视频并粘贴至第1条画中画轨道中，如图11-33所示。

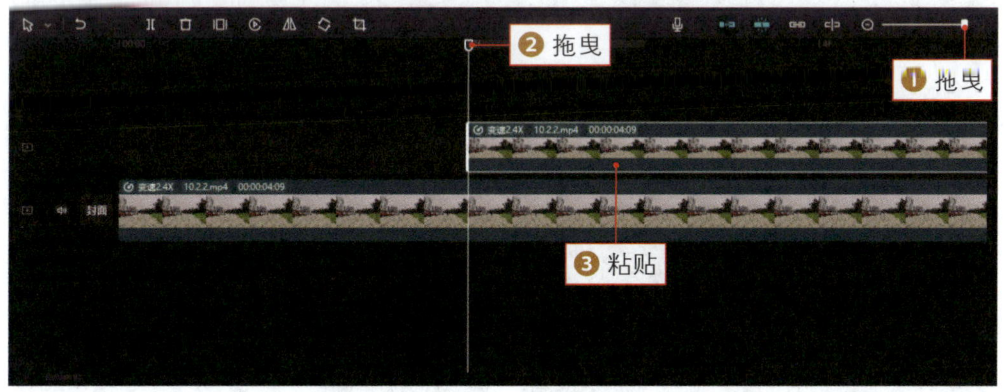

图 11-33 复制视频并粘贴至第 1 条画中画轨道中

步骤 04 选择画中画轨道中的视频，在“画面”操作区的“基础”选项卡中，设置“不透明度”参数为50%，如图11-34所示。

步骤 05 复制画中画轨道中的视频，采用与上同样的方法，在4f和6f位置粘贴视频，如图11-35所示。

图 11-34　设置“不透明度”参数为 50%

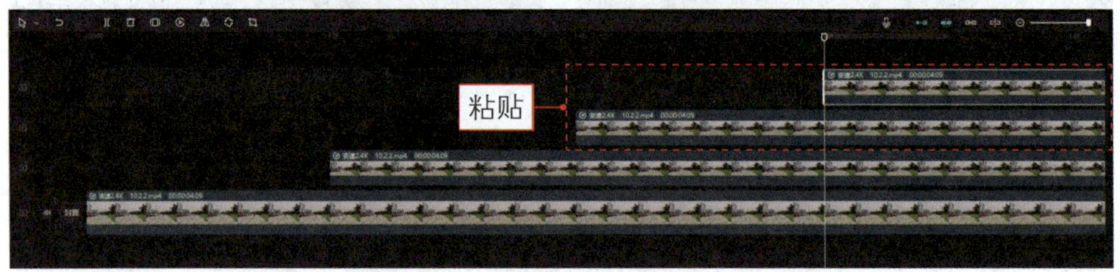

图 11-35　在 4f 和 6f 位置复制并粘贴视频

步骤 06 拖曳时间指示器至视频00:00:04:09位置，如图11-36所示。

步骤 07 在“特效”功能区的“动感”选项卡中，单击“迷离”特效右下角的“添加到轨道”按钮，如图11-37所示，为结尾画面添加特效。

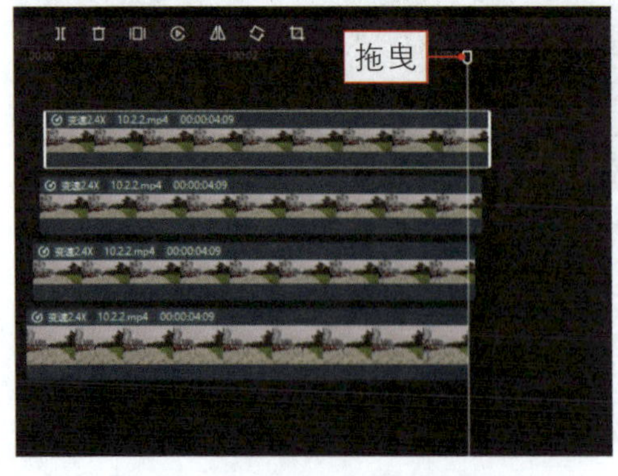

图 11-36　拖曳时间指示器至相应的位置

图 11-37　单击“添加到轨道”按钮（2）

步骤 08 调整“迷离”特效的时长，使其与视频素材的末尾位置对齐，如图11-38所示。

步骤 09 执行上述操作后，在音频轨道中添加一段背景音乐，完成凌波微步特效的制作，如图11-39所示。

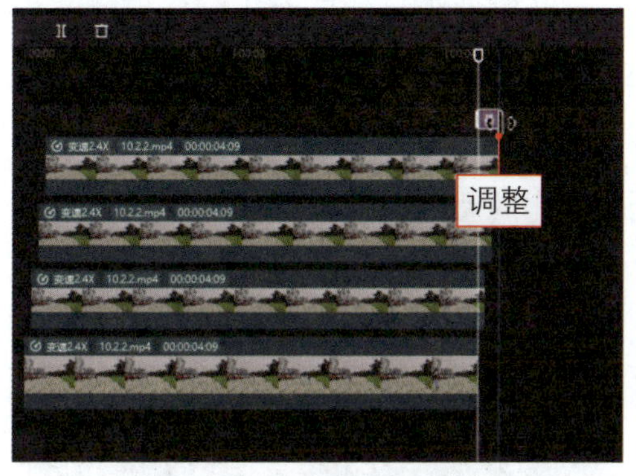

图 11-38 调整“迷离”特效的时长

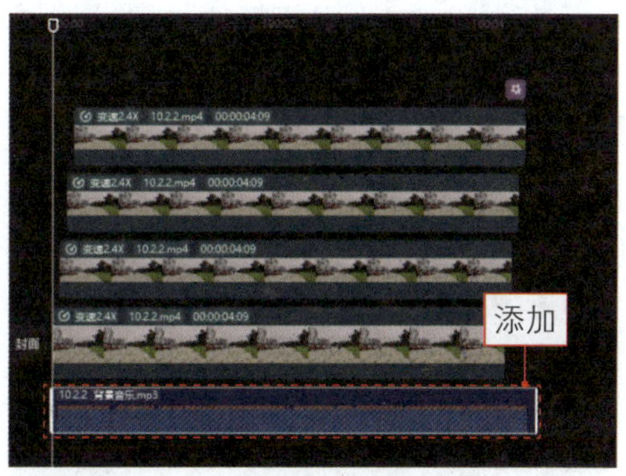

图 11-39 添加背景音乐

11.2.3 制作变身蜘蛛侠特效

扫码看案例效果 扫码看教学视频

【效果展示】：变身蜘蛛侠特效是利用蜘蛛侠落地的姿势，让人物在跳跃和落地的过程中变身为蜘蛛侠，效果如图11-40所示。

图 11-40 变身蜘蛛侠效果展示

下面介绍在剪映中制作变身蜘蛛侠特效的操作方法。

步骤 01 把拍摄的人物跳跃落地的视频素材、蜘蛛侠落地的视频素材及背景音乐导入到“本地”选项卡中，单击人物视频素材右下角的“添加到轨道”按钮，如图11-41所示，把素材添加到视频轨道中。

步骤 02 ❶拖曳蜘蛛侠落地素材至人物跳跃落地素材的后面；❷拖曳时间指示器至视频00:00:01:06人物跳跃要落地的位置；❸单击“分割”按钮，如图11-42所示，分割视频。

图 11-41 单击“添加到轨道”按钮（1）

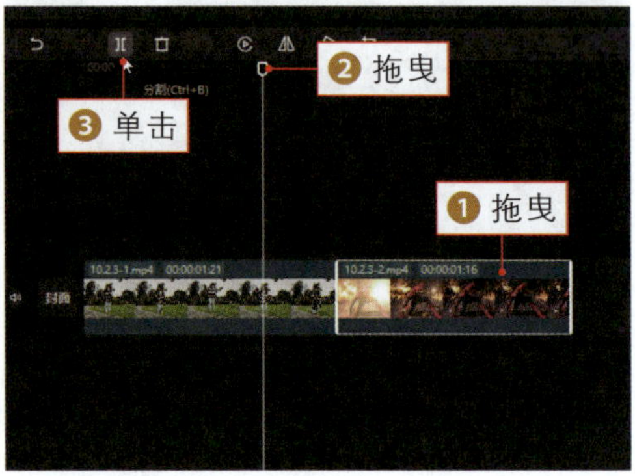

图 11-42 单击“分割”按钮（1）

步骤 03 选择分割的后半段视频，单击“删除”按钮，如图11-43所示，将后半段视频删除。

步骤 04 ❶选择人物视频素材；❷拖曳时间指示器至视频00:00:00:17人物跳跃至空中的位置；❸单击“分割”按钮，如图11-44所示，分割视频。

图 11-43 单击“删除”按钮

图 11-44 单击“分割”按钮（2）

步骤 05 选择再次分割的后半段视频，在“变速”操作区的“常规变速”选项卡中，设置“倍数”参数为0.7x，如图11-45所示，放慢人物的动作。

步骤 06 拖曳时间指示器至第2段视频与第3段视频之间的位置，如图11-46所示。

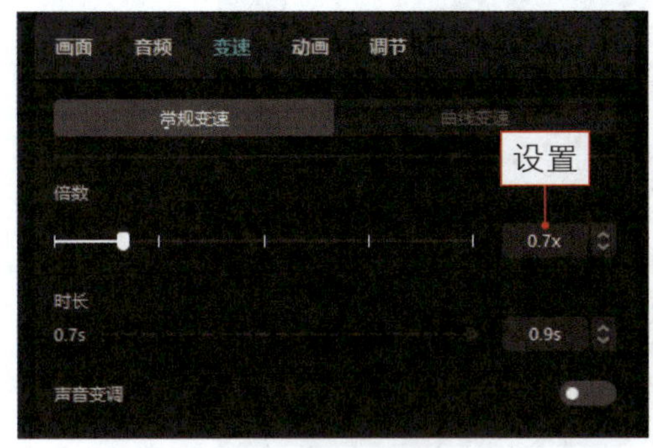

图 11-45 设置“倍数”参数

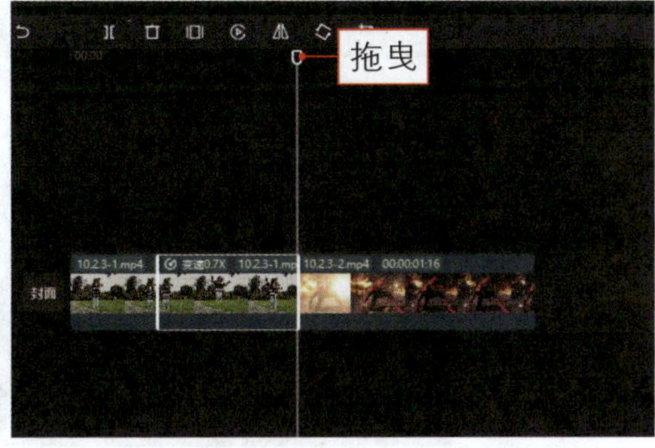

图 11-46 拖曳时间指示器至相应的位置

步骤 07 在“转场”功能区的“基础转场”选项卡中，单击“渐变擦除”转场右下角的“添加到轨道”按钮，如图11-47所示，添加转场。

步骤 08 在“转场”操作区中，设置转场的“时长”为0.3s，如图11-48所示。

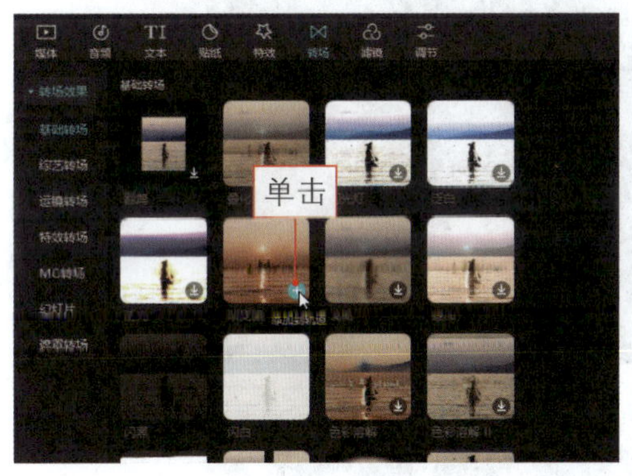

图 11-47 单击“添加到轨道”按钮（2）

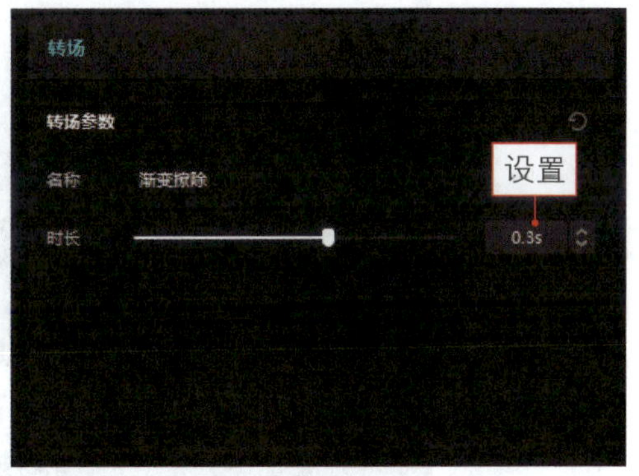

图 11-48 设置转场“时长”参数

步骤 09 选择第2段人物素材，在“画面”操作区的“基础”选项卡中，❶设置“缩放”参数为130%；❷设置“位置”X参数为32、Y参数为-324，放大人物素材并调整人物的位置，如图11-49所示。

步骤 10 拖曳时间指示器至视频00:00:01:05人物跳跃至空中的位置，单击“位置”右侧的按钮，添加关键帧，如图11-50所示。

步骤 11 拖曳时间指示器至视频00:00:01:08人物落地的位置，在“画面”操作区的“基础”选项卡中，设置“位置”X参数为99、Y参数为124，如图11-51所示，调整人物素材的位置，露出人物落地时的位置，“位置”右侧会自动添加关键帧。

图 11-49　设置“位置”参数（1）

图 11-50　添加关键帧

图 11-51　设置“位置”参数（2）

步骤12 拖曳时间指示器至视频素材的起始位置，❶单击“特效”按钮；❷切换至“基础”选项卡；❸单击“变清晰”特效右下角的“添加到轨道”按钮＋，如图11-52所示，添加“变清晰”特效。

步骤13 调整“变清晰”特效的时长，使其与第1段视频的时长对齐，如图11-53所示。

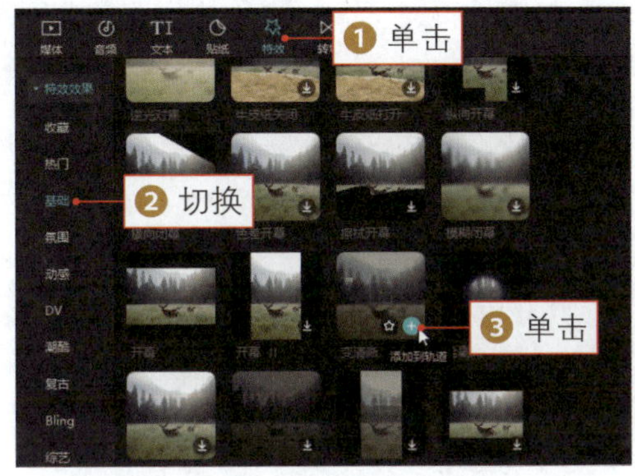

图 11-52 单击“添加到轨道”按钮（3）

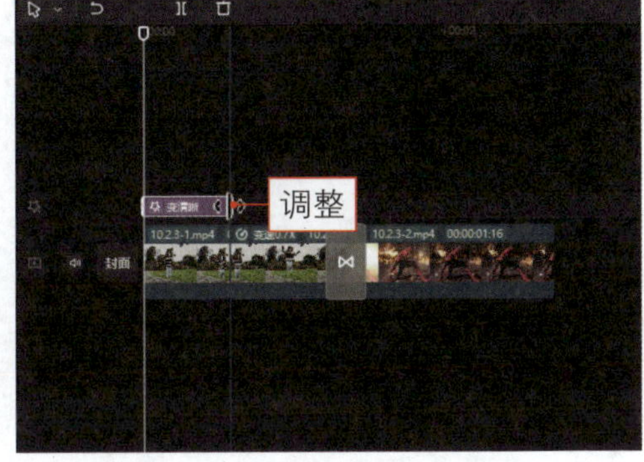

图 11-53 调整“变清晰”特效的时长

步骤14 将背景音乐添加到音频轨道中，完成变身蜘蛛侠特效的制作，如图11-54所示。

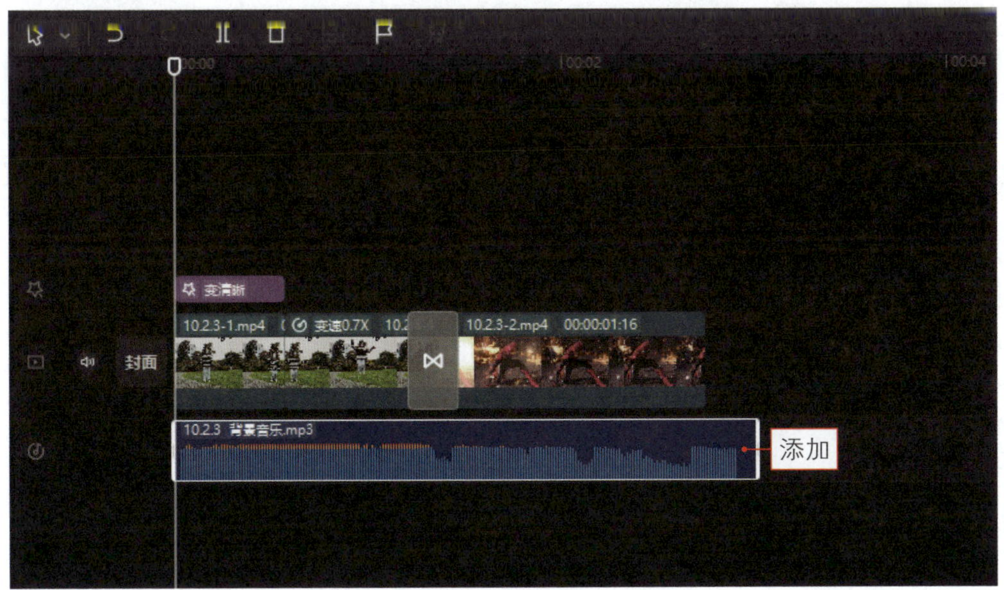

图 11-54 添加背景音乐

第 12 章

相册大咖秘籍：把照片变成动态视频

12.1 基础相册制作要点

在剪映中，用一张张照片就能制作出多种火爆的动态相册视频，其制作要点是借助剪映的特效、蒙版、贴纸及动画等功能，使照片变成动态相册，产生更强的冲击力。本节将向大家介绍的光影交错视频、照片投影视频及缩放相框视频等相册的制作方法。

12.1.1 制作光影交错视频

扫码看案例效果

扫码看教学视频

【效果展示】：抖音中很火的光影交错短视频，在剪映中只需要用1张照片、几个“光影”特效，再配合音乐踩点即可制作出来，效果如图12-1所示。

图 12-1 光影交错视频效果展示

下面介绍在剪映中制作光影交错视频的操作方法。

步骤 01 在剪映中导入一张照片和一段背景音乐，并将其分别添加到视频轨道和音频轨道中，如图12-2所示。

步骤 02 调整照片素材的时长与背景音乐的时长一致，如图12-3所示。

步骤 03 选择背景音乐，❶拖曳时间指示器至音乐鼓点的位置；❷单击“手动踩点”按钮，如图12-4所示。

步骤 04 在音频素材上添加多个节拍点，如图12-5所示。

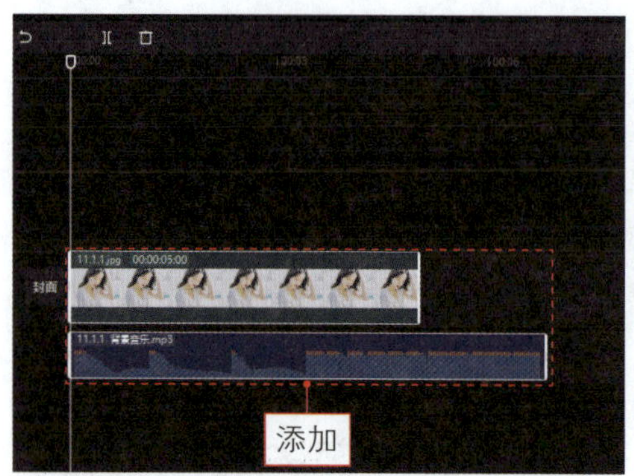

图 12-2　添加素材文件

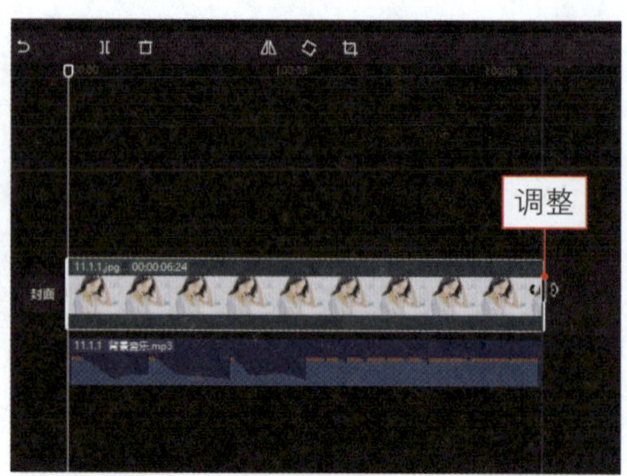

图 12-3　调整素材的时长

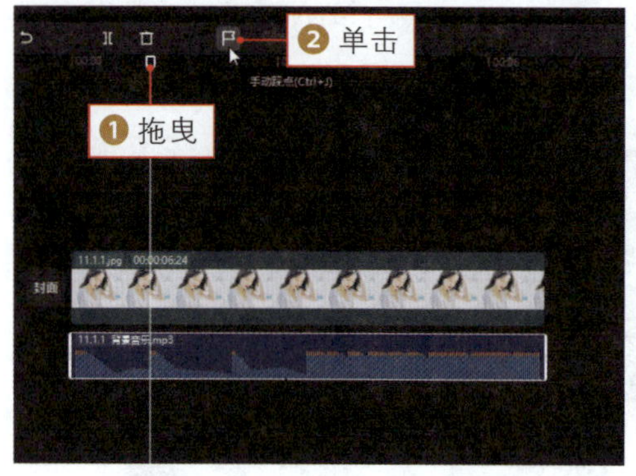

图 12-4　单击“手动踩点”按钮

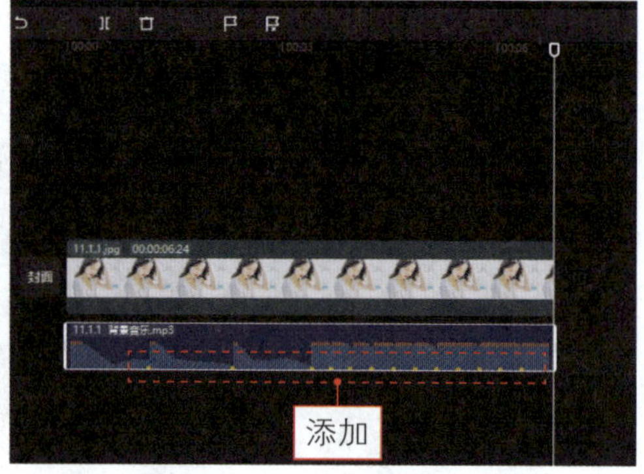

图 12-5　添加多个节拍点

步骤 05 ❶切换至“特效”功能区；❷在“光影”选项卡中单击“树影Ⅱ”特效中的“添加到轨道”按钮，如图12-6所示。

步骤 06 执行操作后，即可添加一个“树影Ⅱ”特效，拖曳特效右侧的白色拉杆，将其时长与第1个节拍点对齐，如图12-7所示。

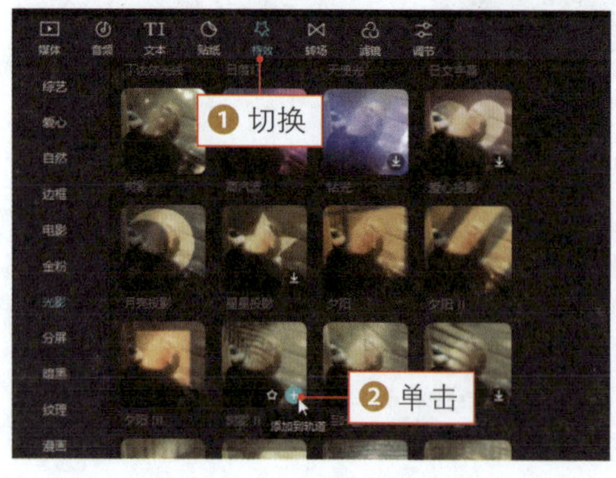

图 12-6　单击“添加到轨道”按钮（1）

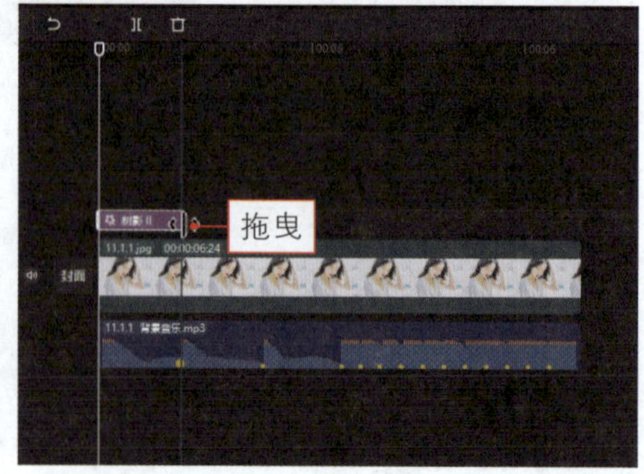

图 12-7　调整“树影Ⅱ”特效的时长

步骤 07 将时间指示器拖曳至第1个节拍点的位置，❶切换至“特效”功能区；❷在“光影”选项卡中单击“暗夜彩虹”特效中的“添加到轨道”按钮 ，如图12-8所示。

步骤 08 执行操作后，即可添加一个“暗夜彩虹”特效，拖曳特效右侧的白色拉杆，将其时长与第2个节拍点对齐，如图12-9所示。

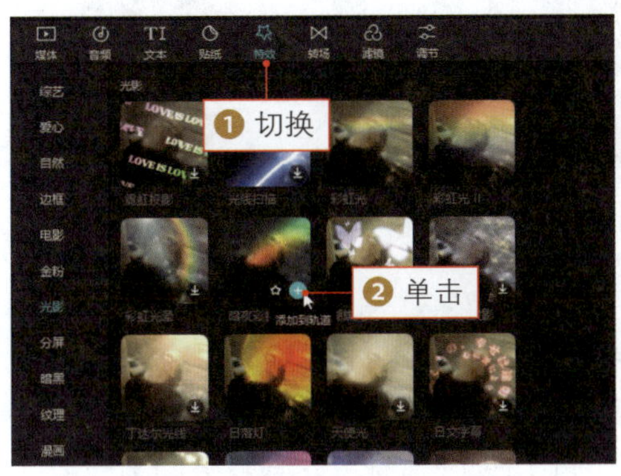

图 12-8 单击“添加到轨道”按钮（2）

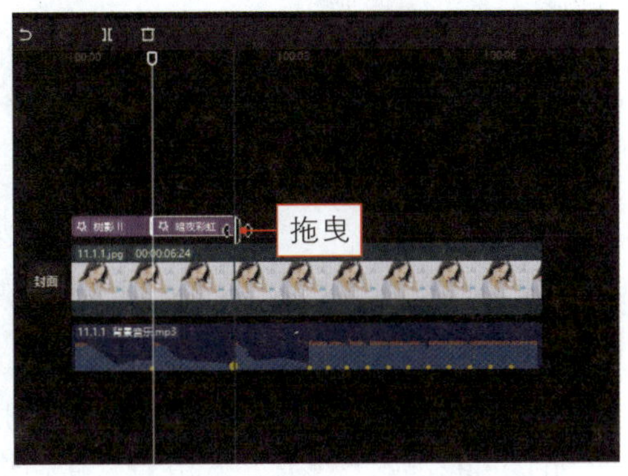

图 12-9 调整“暗夜彩虹”特效的时长

步骤 09 采用与上同样的方法，在各个节拍点的位置添加相应的光影特效，如图12-10所示。至此，完成光影交错视频的制作。

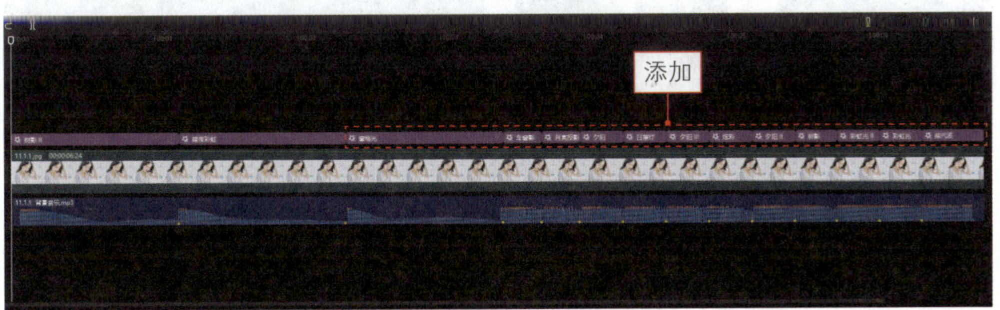

图 12-10 添加多个光影特效

12.1.2 制作照片投影视频

扫码看案例效果

扫码看教学视频

【效果展示】：利用“智能抠像”功能将照片中的人像抠出来，可以让人像不被另一张照片遮挡，从而制作出一种投影放映的效果，画面十分唯美，效果如图12-11所示。

图 12-11　照片投影视频效果展示

下面介绍在剪映中制作照片投影视频的操作方法。

步骤 01 在剪映中导入两张照片和一段背景音乐，如图12-12所示。

步骤 02 ❶ 将第 1 张照片添加到视频轨道中；❷ 拖曳时间指示器至 00:00:02:00 位置；❸ 单击“分割”按钮，如图 12-13 所示，将素材分割为两段。

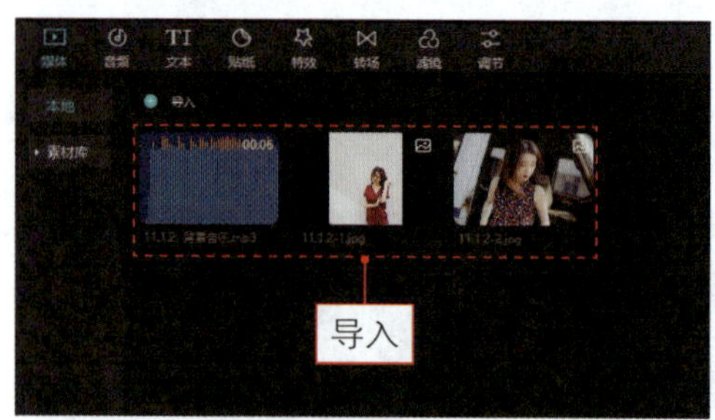

图 12-12　导入相应素材

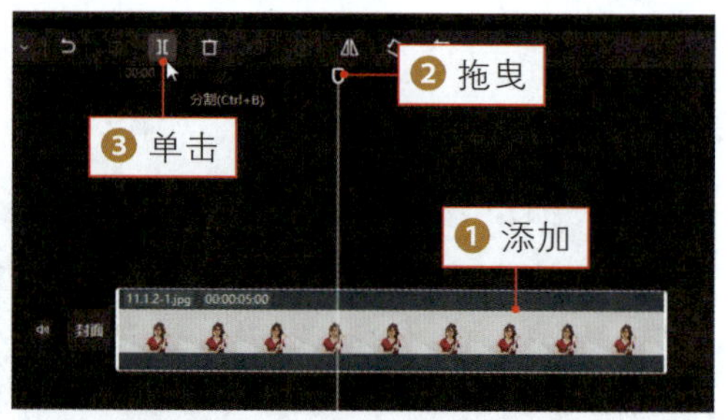

图 12-13　单击“分割”按钮

步骤 03 在画中画轨道中，添加第 2 张照片，并调整照片的时长，如图 12-14 所示。

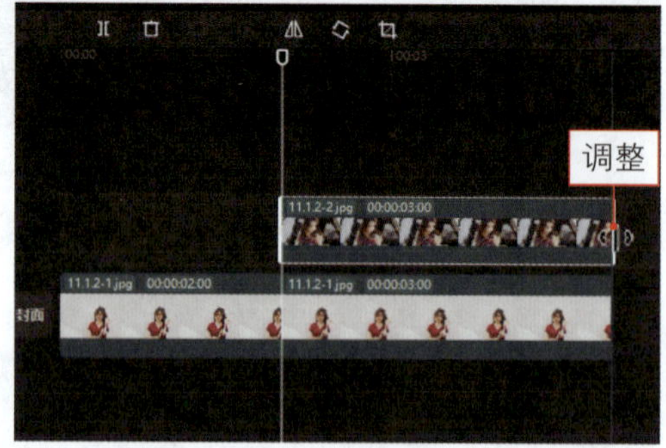

图 12-14　调整第 2 张照片的时长

步骤 04 在“画面”操作区的“基础”选项卡中，❶ 设置“不透明度”参数为 80%；❷ 在预览窗口中调整照片的位置和大小，如图 12-15 所示。

步骤 05 在“画面”操作区的“蒙版”选项卡中，❶ 选择“线性”蒙版；❷ 在预览窗口中调整蒙版的位置和羽化程度，使照片的边缘线虚化，如图 12-16 所示。

图 12-15 调整照片的位置和大小

图 12-16 调整蒙版的位置和羽化程度

步骤 06 复制视频轨道中的后半段照片素材片段，并粘贴在第2条画中画轨道中，如图12-17所示。

步骤 07 在“画面”操作区的“抠像”选项卡中，选择“智能抠像”复选框，抠出人像，如图12-18所示。

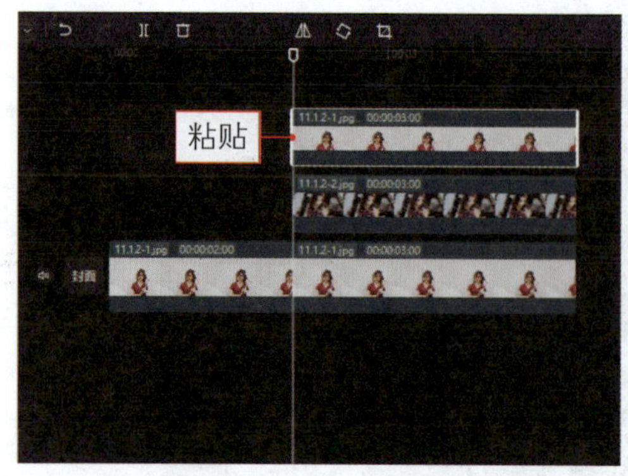

图 12-17　复制并粘贴照片素材

图 12-18　选择“智能抠像”复选框

步骤 08 将时间指示器拖曳至开始位置，在“特效”功能区的“基础”选项卡中，单击“变清晰”特效中的“添加到轨道”按钮，如图12-19所示。

步骤 09 执行操作后，即可添加“变清晰”特效，调整该特效的时长，如图12-20所示。

图 12-19　单击“添加到轨道”按钮（1）

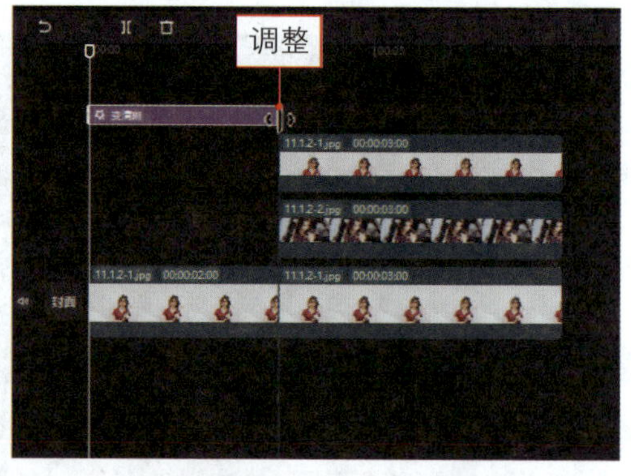

图 12-20　调整“变清晰”特效的时长

步骤 10 将时间指示器拖曳至“变清晰”特效的后面，在“特效”功能区的“氛围”选项卡中，单击“梦蝶”特效中的“添加到轨道”按钮，如图12-21所示。

步骤 11 执行操作后，即可添加“梦蝶”特效，如图12-22所示。

步骤 12 将时间指示器拖曳至“变清晰”特效的后面，在“贴纸”功能区的“清新手写字”选项卡中，单击所选贴纸中的“添加到轨道”按钮，如图12-23所示。

步骤 13 执行操作后，即可添加一个文字动画贴纸，在预览窗口中调整贴纸的位置和大小，如图12-24所示。

图 12-21 单击“添加到轨道”按钮（2）

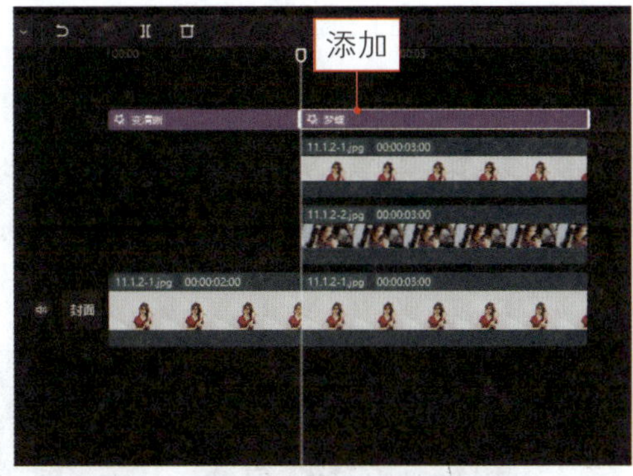

图 12-22 添加“梦蝶”特效

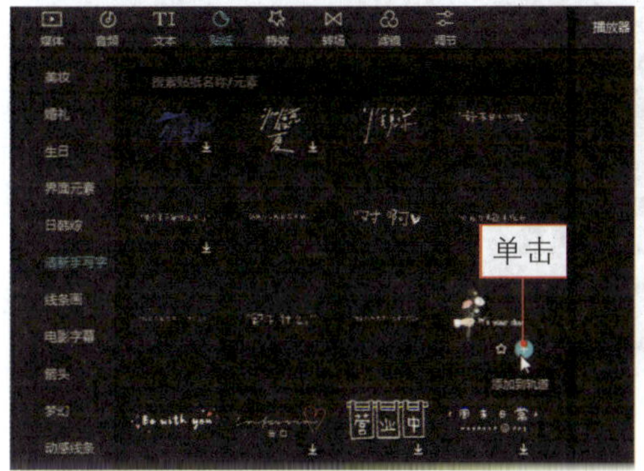

图 12-23 单击“添加到轨道”按钮（3）

图 12-24 调整贴纸的位置和大小

步骤 14 将背景音乐添加到音频轨道中，完成照片投影视频的制作，如图12-25所示。

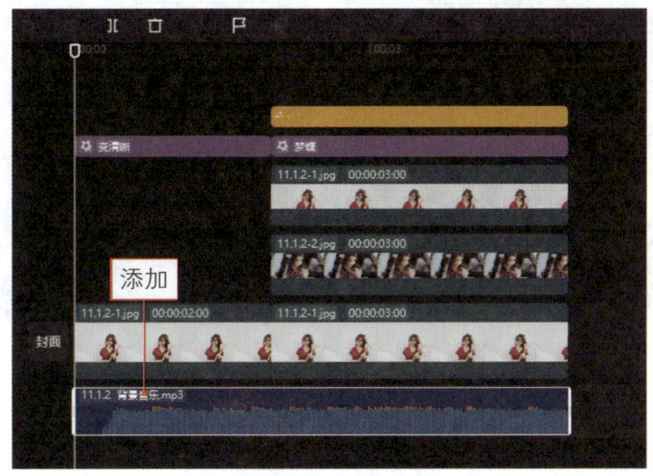

图 12-25 添加背景音乐

12.1.3 制作缩放相框视频

扫码看案例效果

扫码看教学视频

【效果展示】：缩放相框效果只需要一张照片，即可在剪映中使用蒙版和缩放动画制作出来，画面看上去就像有许多扇门一样，给人一种神奇的视觉感受，效果如图12-26所示。

图 12-26 缩放相框视频效果展示

下面介绍在剪映中制作缩放相框视频的操作方法。

步骤 01 在剪映中导入一张照片素材和一段背景音乐，如图12-27所示。

步骤 02 将照片素材添加到视频轨道中，并调整时长为3秒，如图12-28所示。

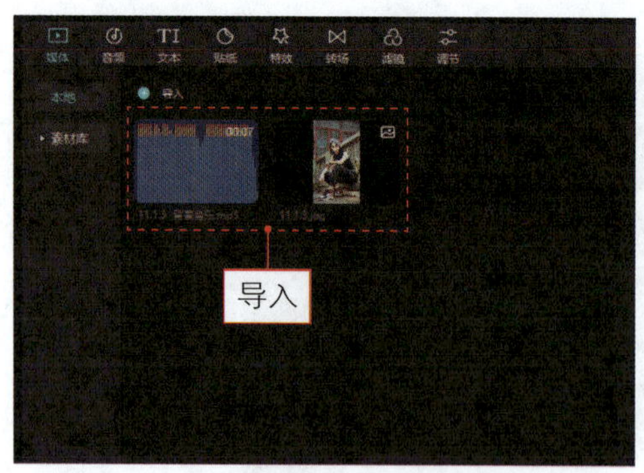

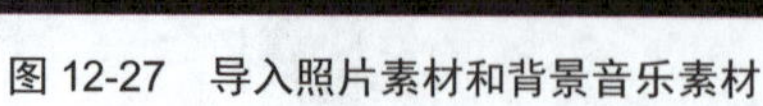
图 12-27 导入照片素材和背景音乐素材

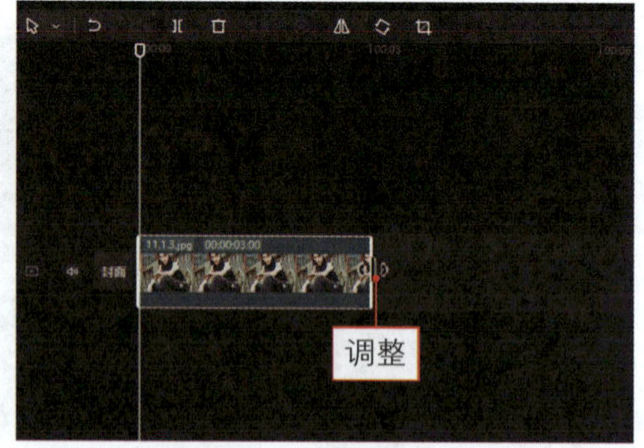

图 12-28 调整照片时长

步骤 03 选择视频轨道中的素材，在“画面”操作区的“蒙版”选项卡中，❶选择“矩形”蒙版；❷单击“反转”按钮，如图12-29所示。

步骤 04 在预览窗口中调整蒙版的大小和位置，如图12-30所示。

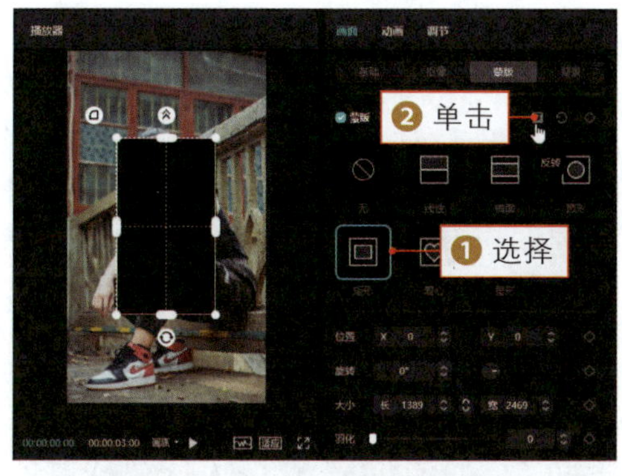

图 12-29 单击“反转”按钮（1）

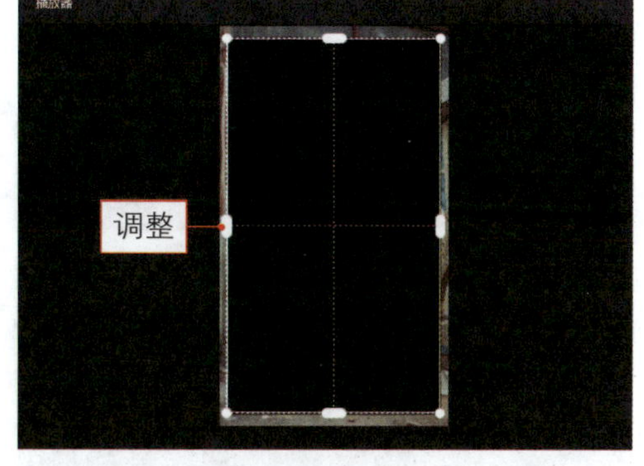

图 12-30 调整蒙版的大小和位置

步骤 05 选择视频轨道中的第1个素材，按【Ctrl+C】组合键和【Ctrl+V】组合键，进行两次复制和粘贴，❶一个粘贴在视频轨道第1个素材的后面；❷另一个粘贴在画中画轨道的开始位置，如图12-31所示。

步骤 06 选择画中画轨道中的素材，在预览窗口中调整其大小和位置，如图12-32所示。

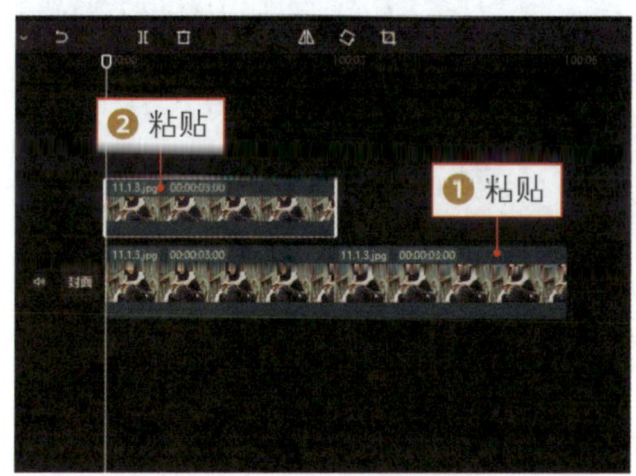

图 12-31 复制并粘贴两个素材

图 12-32 调整画中画素材的大小和位置

步骤 07 选择第1条画中画轨道中的第1个素材，按【Ctrl+C】组合键和【Ctrl+V】组合键，进行两次复制和粘贴，❶一个粘贴在第1条画中画轨道中第1个素材的后面；❷一个粘贴在第2条画中画轨道的开始位置，如图12-33所示。

步骤 08 执行操作后，在预览窗口中，调整第2条画中画轨道中素材的大小和位置，如图12-34所示。

步骤 09 采用与上同样的操作方法，❶继续复制并粘贴素材，增加3条画中画轨道，增加的画中画轨道越多，制作出来的效果更好；❷选择第5条画中画轨道中的第1个素材，如图12-35所示。

步骤 10 在预览窗口中调整第5条画中画轨道中素材的大小和位置，如图12-36所示。

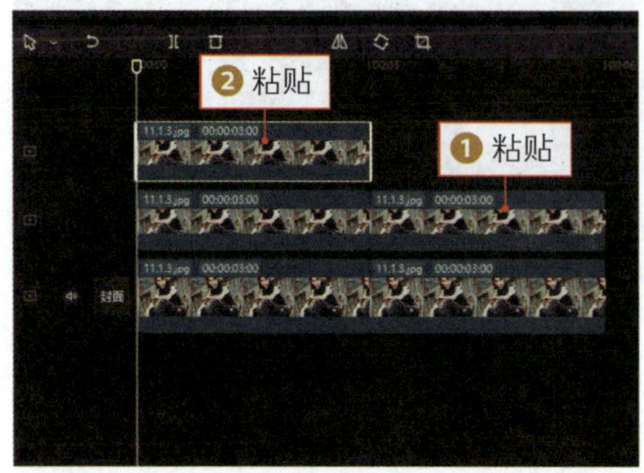

图 12-33　复制并粘贴画中画轨道中的素材

图 12-34　调整第 2 条画中画素材的大小与位置

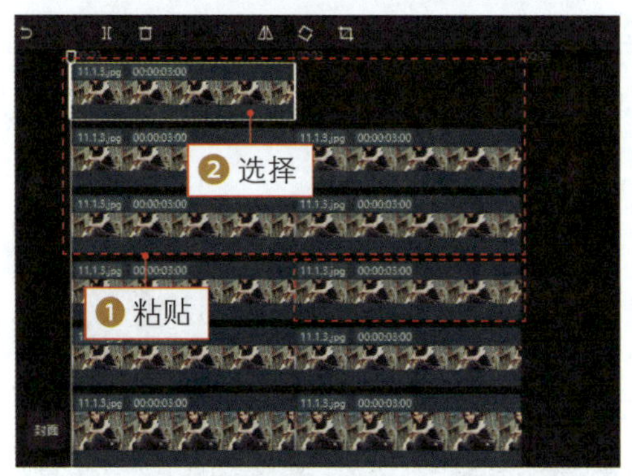

图 12-35　选择第 5 条画中画轨道中的素材

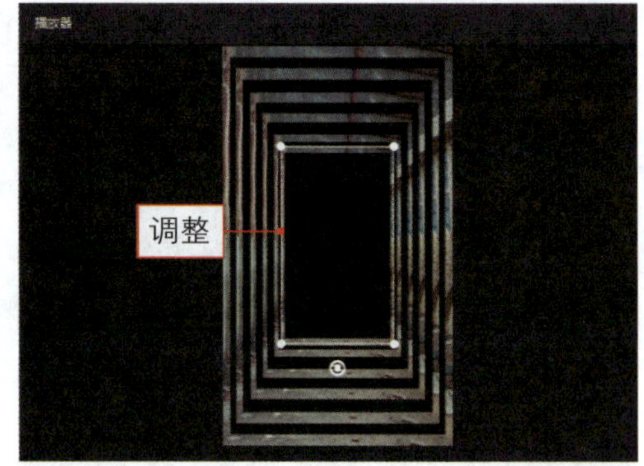

图 12-36　调整第 5 条画中画素材的大小与位置

步骤 11 在“画面”操作区的“蒙版”选项卡中，单击“反转”按钮，如图12-37所示，将蒙版反转，显示照片画面。

步骤 12 在预览窗口中，可以查看蒙版反转效果，如图12-38所示。

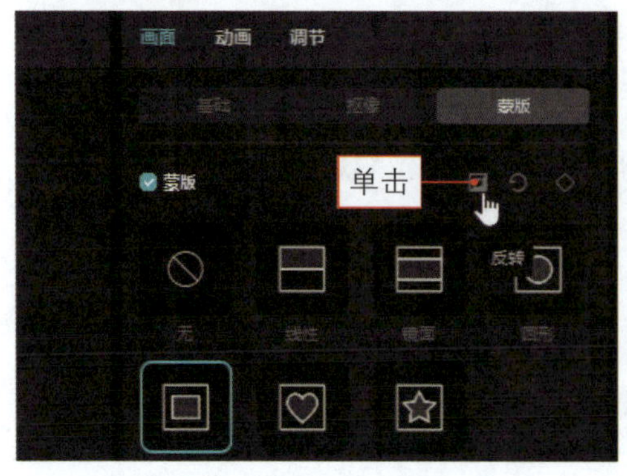

图 12-37　单击“反转”按钮（2）

图 12-38　查看蒙版反转效果

步骤 13 执行上述操作后，❶复制第5条画中画轨道的第1个素材；❷并将其粘贴至素材后面，如图12-39所示。

步骤 14 选择视频轨道中的第1个素材，在“动画”操作区的“入场”选项卡中，❶选择“放大”动画；❷设置“动画时长”参数为0.5s，如图12-40所示。

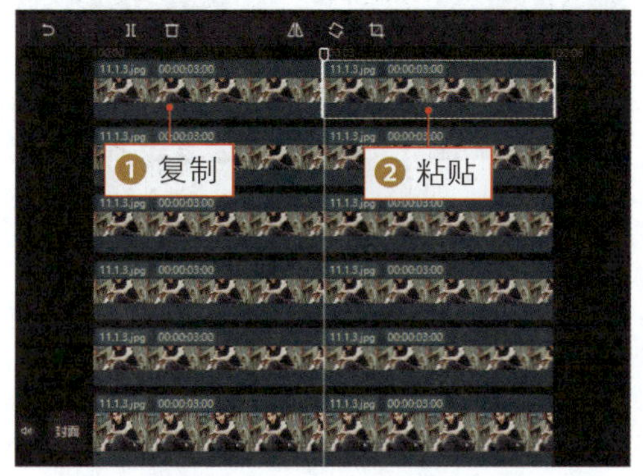

图 12-39 复制并粘贴第 5 条画中画轨道中的素材

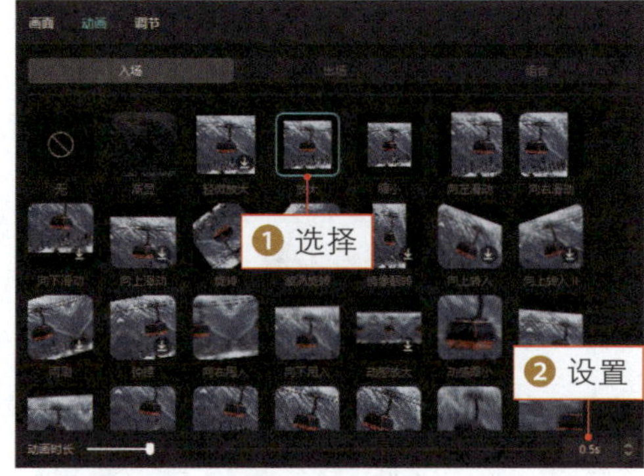

图 12-40 设置“动画时长”参数（1）

步骤 15 采用与上同样的方法，依次为5条画中画轨道中的第1个素材添加“放大”入场动画，设置“动画时长”的参数逐层叠加0.5s，第5条画中画轨道中第1个素材的“动画时长”参数为最长，如图12-41所示。

步骤 16 选择视频轨道中的第2个素材，在“动画”操作区的“出场”选项卡中，❶选择“缩小”动画；❷设置“动画时长”参数为0.5s，如图12-42所示。

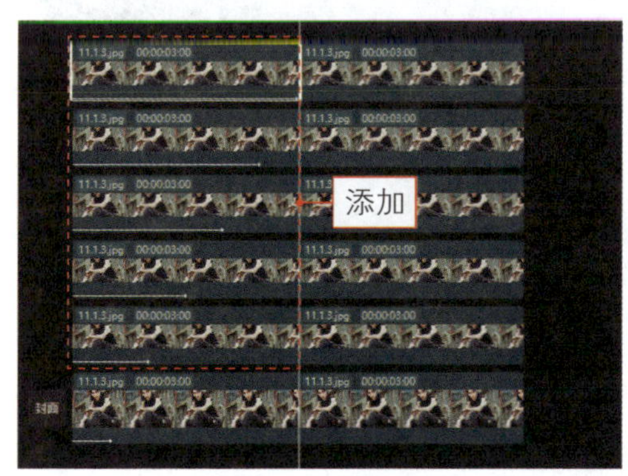

图 12-41 为轨道中的第 1 个素材添加动画效果

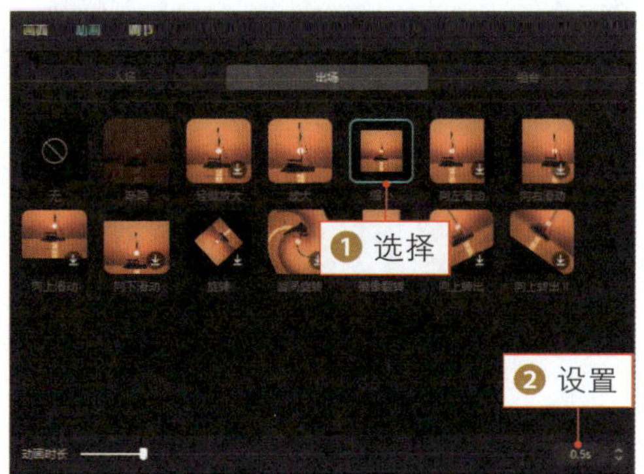

图 12-42 设置“动画时长”参数（2）

步骤 17 采用与上同样的方法，依次为5条画中画轨道中的第2个素材添加“缩小”出场动画，并设置“动画时长”的参数逐层叠加0.5s，第5条画中画轨道中第2个素材的“动画时长”参数为最长，如图12-43所示。

步骤 18 在音频轨道中添加背景音乐，如图12-44所示。在预览窗口中播放视频，即可查看制作的视频效果。

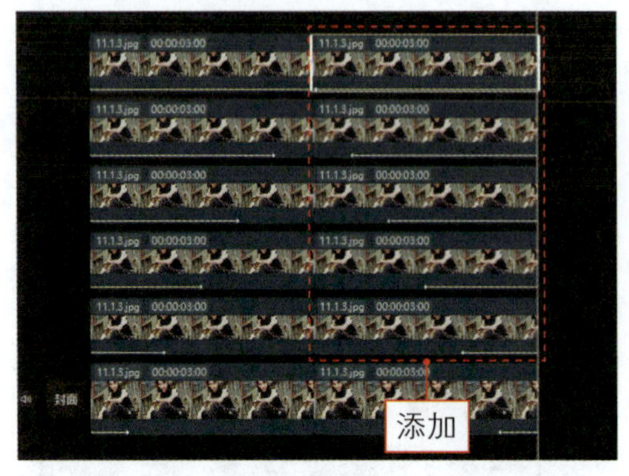

图 12-43　为轨道中的第 2 个素材添加动画效果

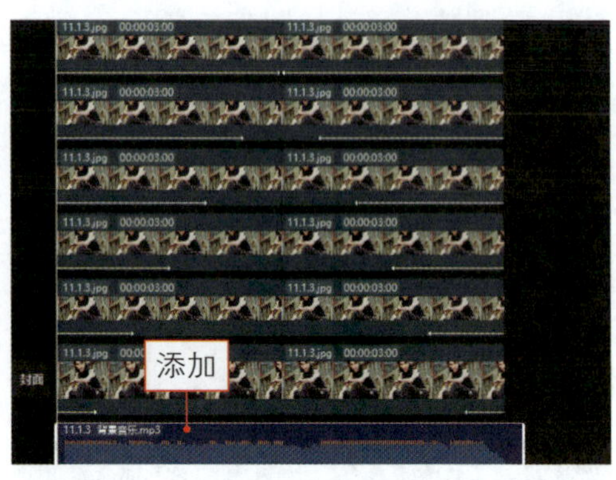

图 12-44　添加背景音乐

12.2　高级相册制作大全

高级相册的制作方法是使用多张照片，配合背景音乐的节奏，为照片添加动画效果和特效，使照片从静态变为动态。因此，在剪映中制作高级相册，需要用户能够熟练掌握添加动画的相关操作，提高创作能力。

12.2.1　制作儿童相册视频

扫码看案例效果

扫码看教学视频

【效果展示】：使用剪映中的“向下甩入”入场动画、“缩放”组合动画、“边框”特效及“贴纸”功能等，可以将儿童照片制作成动态相册，效果如图12-45所示。

图 12-45　儿童相册视频效果展示

下面介绍在剪映中制作儿童相册视频的操作方法。

步骤 01 在剪映中导入5张照片和一段背景音乐，并将其分别添加到视频轨道和音频轨道中，如图12-46所示。

步骤 02 根据音乐的节奏，拖曳照片右侧的白色拉杆，调整照片的时长分别为00:00:01:08、00:00:01:04、00:00:01:23、00:00:01:25及00:00:01:15，如图12-47所示

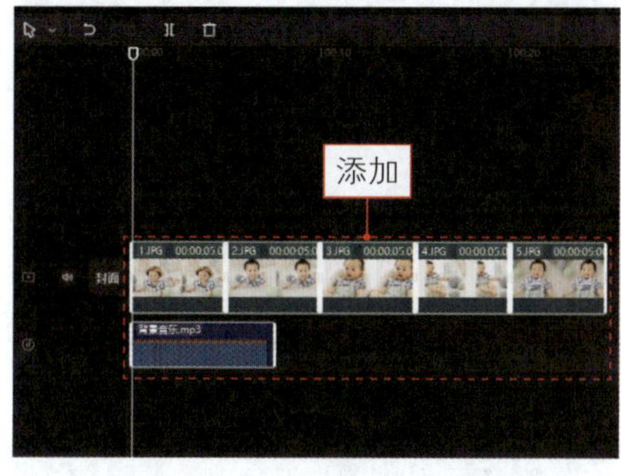

图 12-46 添加素材文件

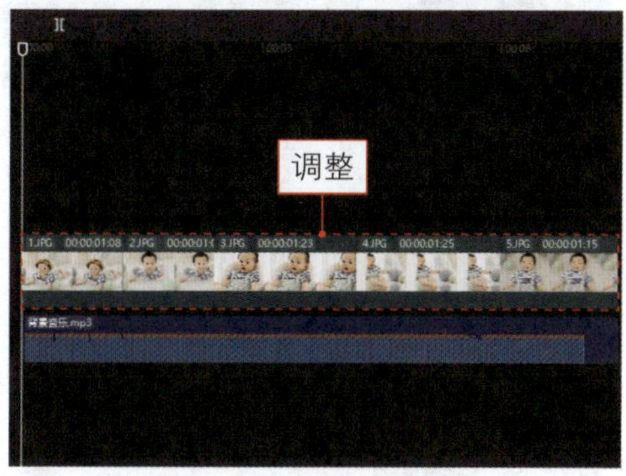

图 12-47 调整素材时长

步骤 03 在“播放器”面板中，设置画布比例为9：16，如图12-48所示。

步骤 04 ❶切换至“画面”操作区的“背景”选项卡中；❷单击“背景填充”下拉按钮；❸在打开的下拉列表框中选择“模糊”选项，如图12-49所示。

图 12-48 设置画布比例

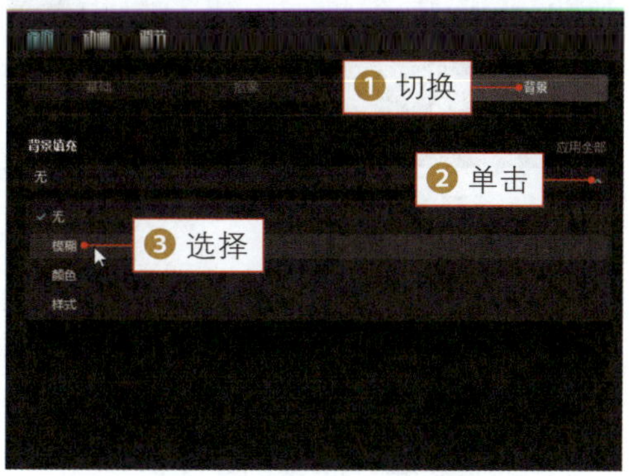

图 12-49 选择“模糊”选项

步骤 05 在“模糊”选项组中，❶选择第3个模糊样式；❷单击“应用全部”按钮，如图12-50所示。

步骤 06 在“特效”功能区的“边框”选项卡中，单击“小动物”特效中的“添加到轨道”按钮，如图12-51所示。

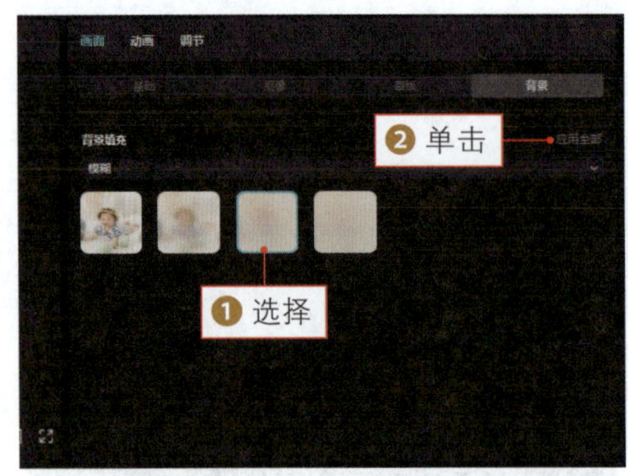

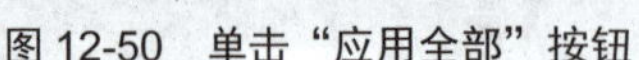
图 12-50　单击“应用全部”按钮

图 12-51　单击“添加到轨道”按钮（1）

步骤 07 执行操作后，即可添加一个“小动物”特效，通过拖曳白色拉杆调整特效时长，如图12-52所示。

步骤 08 在“贴纸”功能区的“萌娃”选项卡中，选择一个文字动画贴纸并单击“添加到轨道”按钮，如图12-53所示。

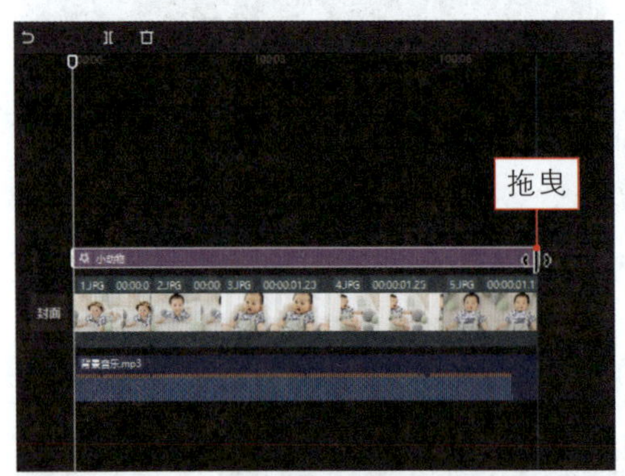

图 12-52　调整特效时长

图 12-53　单击“添加到轨道”按钮（2）

步骤 09 执行操作后，即可添加一个文字动画贴纸，通过拖曳白色拉杆的方式调整贴纸的时长，如图12-54所示。

步骤 10 在预览窗口中，调整贴纸的位置，如图12-55所示。

步骤 11 选择第1个素材，在“动画”操作区的“入场”选项卡中，①选择“向下甩入”动画；②设置“动画时长”参数为1.3s，如图12-56所示。

步骤 12 选择视频轨道中的第2个素材，在“动画”操作区的“组合”选项卡中，选择“缩放”动画，如图12-57所示。执行操作后，用同样的方法，为剩下的素材添加“缩放”组合动画，完成儿童相册视频的制作。

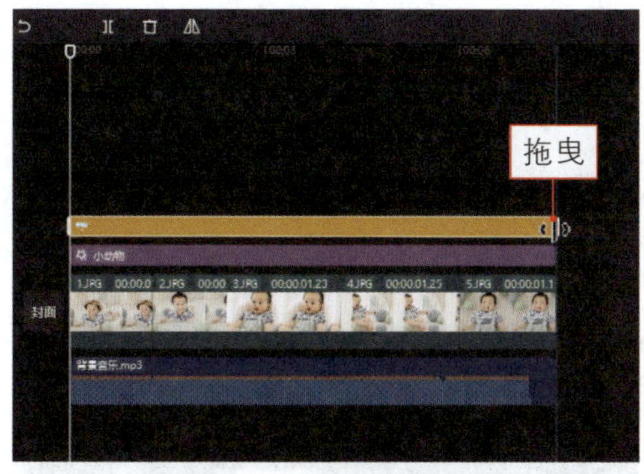

图 12-54 调整贴纸的时长

图 12-55 调整贴纸的位置

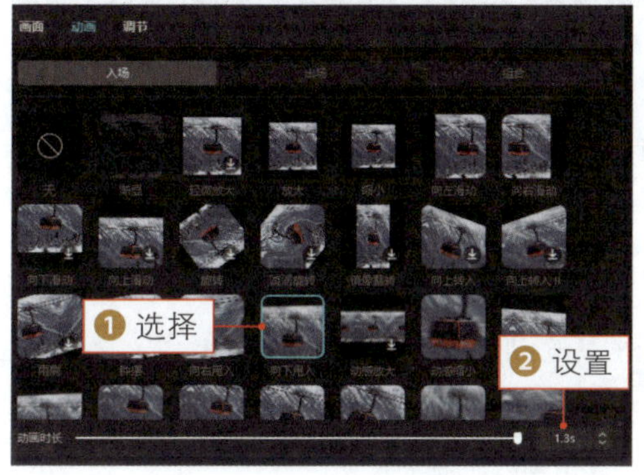

图 12-56 设置“动画时长”参数

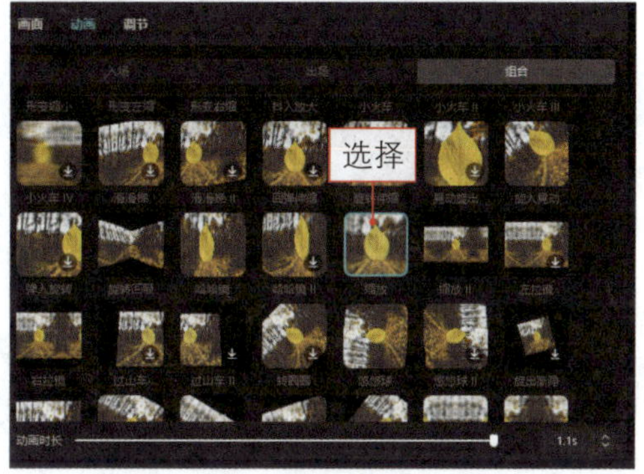

图 12-57 选择“缩放”动画

12.2.2 制作婚纱留影视频

扫码看案例效果 扫码看教学视频

【效果展示】：使用剪映的“滤色”混合模式，并添加“悠悠球”动画和“碎块滑动Ⅱ”动画，以及各种氛围特效等，可以将两张照片制作成浪漫温馨的婚纱留影动态相册，效果如图12-58所示。

图 12-58 婚纱留影视频效果展示

下面介绍在剪映中制作婚纱留影视频的操作方法。

步骤 01 在剪映中导入背景音乐、两张照片素材和一个视频素材，如图12-59所示。

步骤 02 将两张照片素材添加到视频轨道中，并调整照片素材的时长分别为00:00:03:00和00:00:03:10，如图12-60所示。

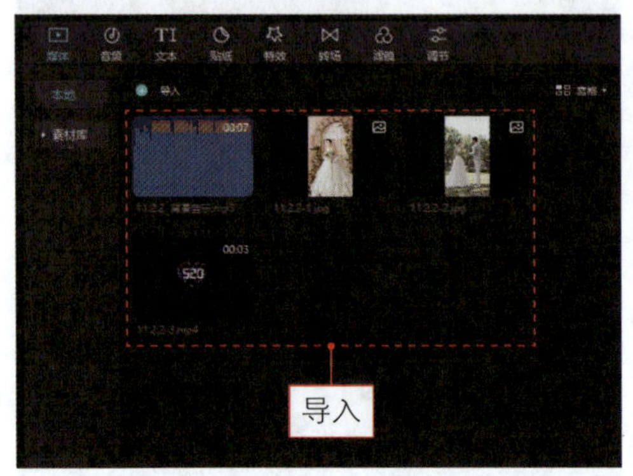

图 12-59　导入相应素材

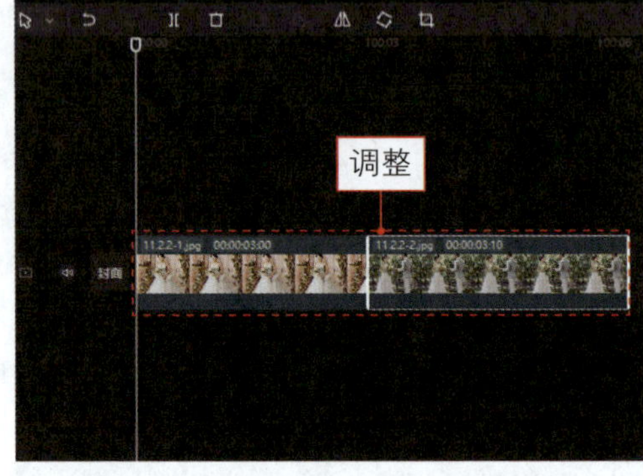

图 12-60　添加照片素材并调整时长

步骤 03 将视频素材添加到画中画轨道中的结尾处，如图12-61所示。

步骤 04 选择画中画轨道中的视频素材，在“画面”操作区的“基础”选项卡中，设置“混合模式”为“滤色”模式，如图12-62所示。

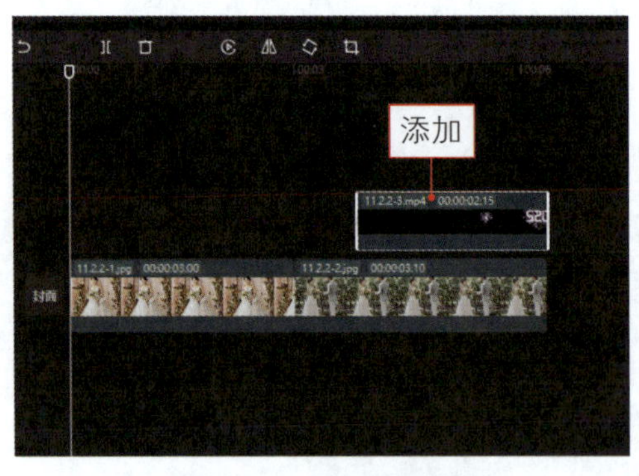

图 12-61　添加视频素材

图 12-62　设置“滤色”模式

步骤 05 在视频轨道中选择第1张照片，在“动画”操作区的“组合”选项卡中，选择“悠悠球”动画，如图12-63所示。

步骤 06 在视频轨道中选择第2张照片，在“动画”操作区的“组合”选项卡中，选择“碎块滑动Ⅱ”动画，如图12-64所示。

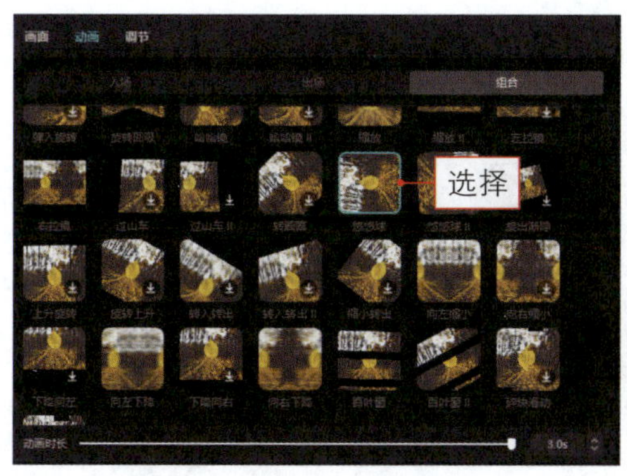

图 12-63　选择“悠悠球”动画

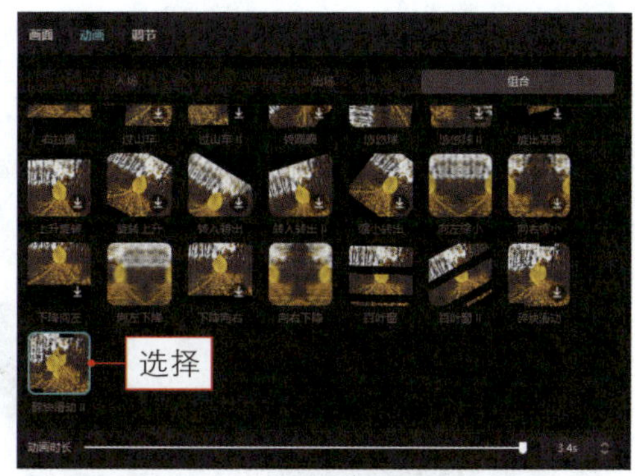

图 12-64　选择“碎块滑动Ⅱ”动画

步骤 07 在“特效”功能区的“金粉”选项卡中，单击“飘落闪粉”特效中的“添加到轨道”按钮，如图12-65所示，为第1张照片添加特效。

步骤 08 在“特效”功能区的“爱心”选项卡中，单击“爱心泡泡”特效中的“添加到轨道”按钮，如图12-66所示，为第2张照片添加特效，然后添加背景音乐。

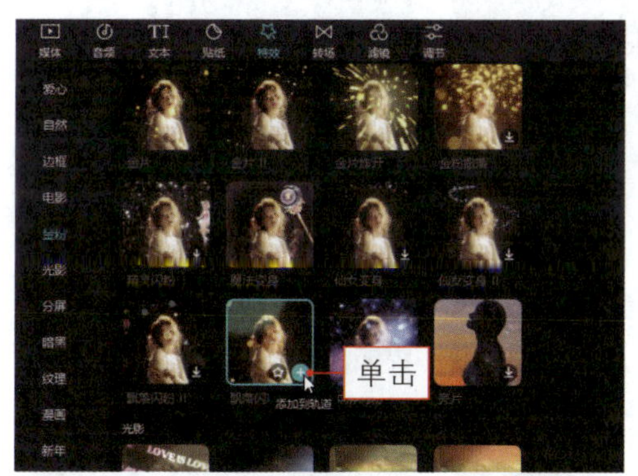

图 12-65　单击“添加到轨道”按钮（1）

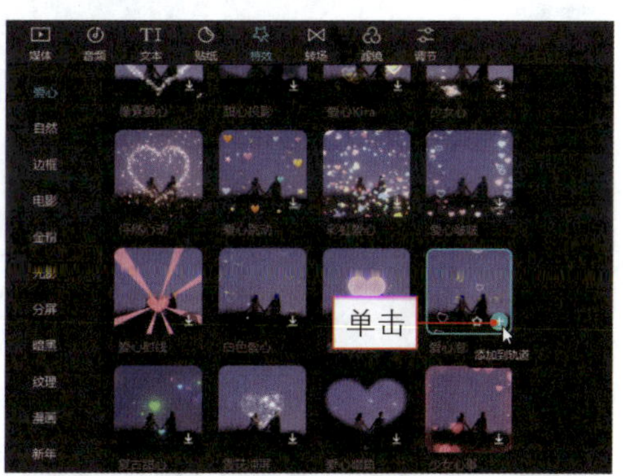

图 12-66　单击“添加到轨道”按钮（2）

12.2.3　制作动态写真视频

扫码看案例效果

扫码看教学视频

【效果展示】：在剪映中，应用踩点功能为背景音乐添加节拍点，再根据节拍点调整写真照片的时长，并为写真照片添加画布背景、动画和特效，能够制作出动态写真视频，效果如图12-67所示。

图 12-67　动态写真视频效果展示

下面介绍在剪映中制作动态写真视频的操作方法。

步骤 01 在剪映“音频”功能区的“音乐素材”|“收藏”选项卡中，单击所选音乐中的“添加到轨道”按钮，如图12-68所示。

步骤 02 执行操作后，即可在音频轨道上添加一段背景音乐，如图12-69所示。

图 12-68 单击“添加到轨道”按钮（1）

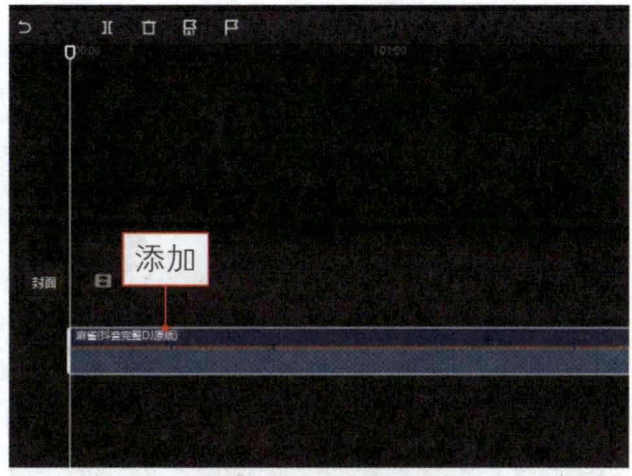

图 12-69 添加背景音乐

步骤 03 ❶拖曳时间指示器至00:00:11:03位置；❷单击“分割”按钮，如图12-70所示。将音乐分割后，删除分割的后半段音乐。

步骤 04 在“音频”操作区中，设置“淡出时长”参数为0.2s，如图12-71所示。

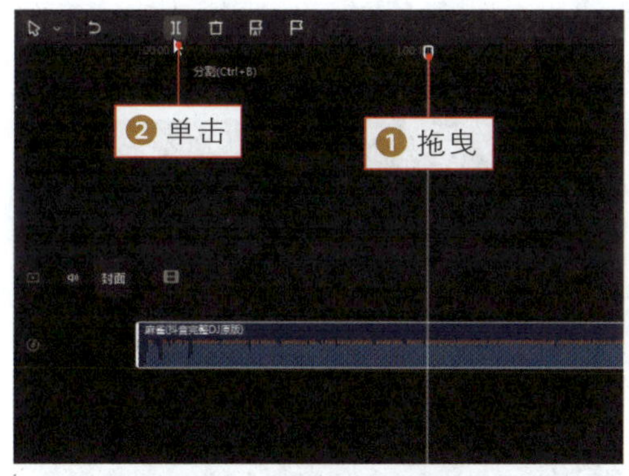

图 12-70 单击“分割”按钮

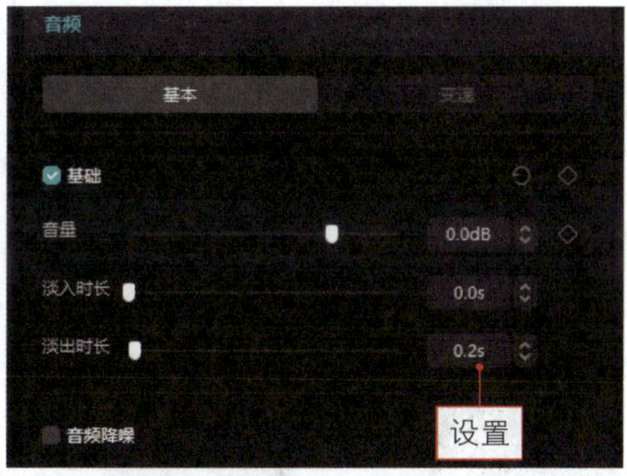

图 12-71 设置“淡出时长”参数

步骤 05 参考前文介绍过的踩点操作，❶使用“手动踩点”功能；❷根据音乐的节奏鼓点添加节拍点，效果如图12-72所示。

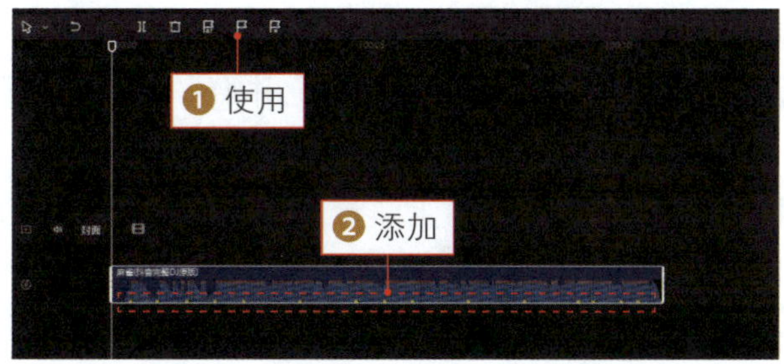

图 12-72 添加节拍点

步骤 06 在“媒体”功能区中，导入14张写真照片，如图12-73所示。

步骤 07 将第1张照片添加到视频轨道中并调整其时长，使其结束位置对齐第5个节拍点，如图12-74所示。

图 12-73 导入写真照片

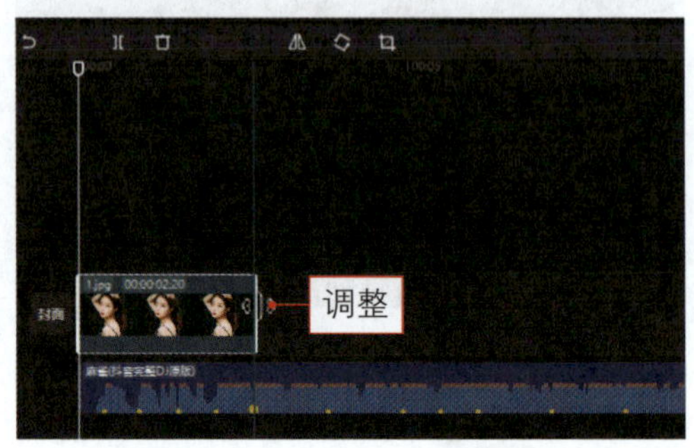

图 12-74 调整第 1 张照片的时长

步骤 08 在预览窗口中，❶设置画布比例为9：16；❷调整照片的大小和位置，使其缩小位于屏幕的左上角，如图12-75所示。

步骤 09 将第2张照片拖曳至画中画轨道中并调整其时长，使其开始位置对齐第2个节拍点，结束位置对齐第5个节拍点，如图12-76所示。

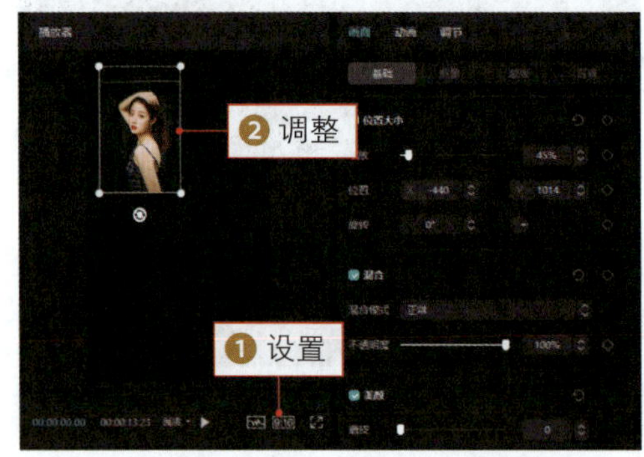

图 12-75 调整第 1 张照片的大小和位置

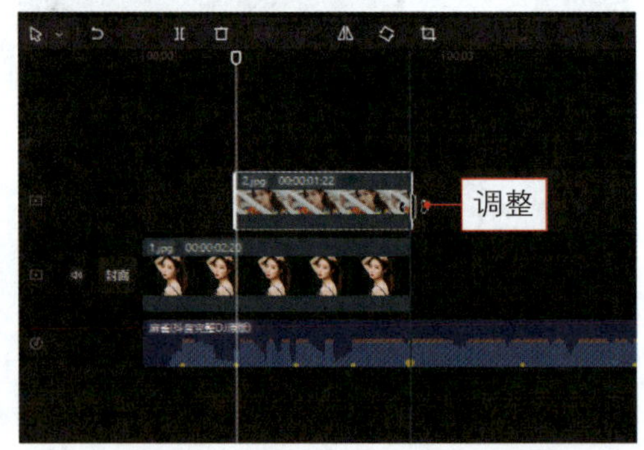

图 12-76 添加第 2 张照片并调整时长

步骤 10 在预览窗口中，调整第2张照片的位置和大小，使其叠放在第1张照片上，效果如图12-77所示。

步骤 11 将第3张照片拖曳至画中画轨道中并调整其时长，使其开始位置对齐第3个节拍点，结束位置对齐第5个节拍点，如图12-78所示。

步骤 12 在预览窗口中，调整第3张照片的位置和大小，使其叠放在第2张照片上，效果如图12-79所示。

步骤 13 将第4张～第14张照片添加到视频轨道中，并调整时长对齐各个节拍点，效果如图12-80所示。

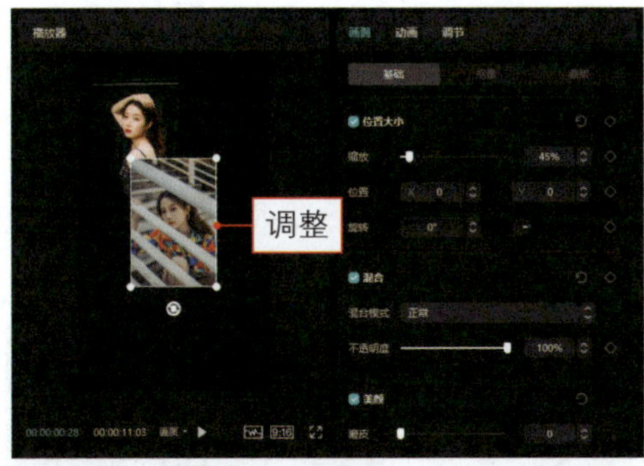

图 12-77 调整第 2 张照片的位置和大小

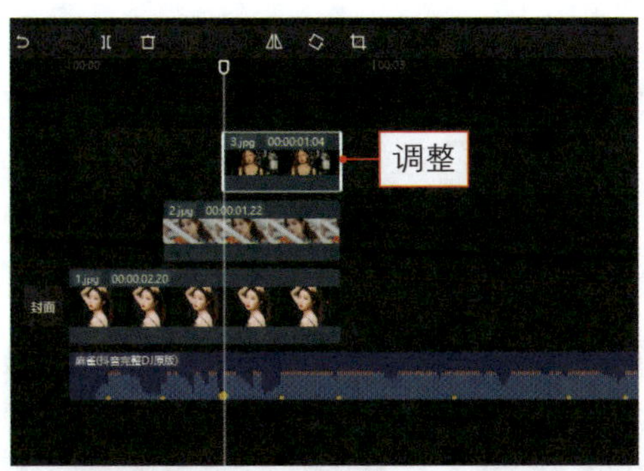

图 12-78 添加第 3 张照片并调整时长

图 12-79 调整第 3 张照片的位置和大小

图 12-80 添加剩下的照片并调整时长

步骤 14 将时间指示器拖曳至开始位置，选择第1张照片，❶切换至“画面”操作区的“背景”选项卡；❷在“背景填充”下拉列表框中选择“样式”选项，如图12-81所示。

步骤 15 在“样式”选项组中，❶选择一个合适的背景样式；❷单击“应用全部”按钮，将背景样式应用到全部片段上，如图12-82所示。

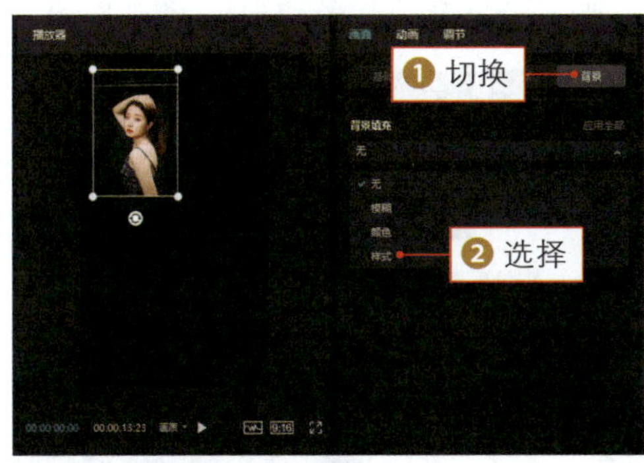

图 12-81 选择“样式”选项

图 12-82 单击“应用全部”按钮

步骤 16 选择第1张照片，在“动画”操作区的“入场”选项卡中，❶选择

“向左下甩入”动画；❷设置“动画时长”参数为0.9s，如图12-83所示，使动画结束时间刚好位于第2个节拍点的位置处。

步骤 17 选择第2张照片，在“动画”操作区的“入场”选项卡中，❶选择“向左下甩入”动画；❷设置“动画时长”参数为0.6s，如图12-84所示，使动画结束时间刚好位于第3个节拍点的位置处。

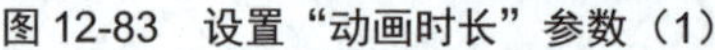
图 12-83　设置“动画时长”参数（1）

图 12-84　设置“动画时长”参数（2）

步骤 18 采用与上同样的方法，选择第3张照片，为其添加“向左下甩入”动画，如图12-85所示。

步骤 19 选择第4张照片，在“动画”操作区的“组合”选项卡中，选择“夹心饼干Ⅱ”动画，如图12-86所示。采用与上同样的方法，在“组合”选项卡中，为第5张照片添加“叠叠乐”动画、为第6张照片添加“叠叠乐Ⅱ”动画、为第7张照片添加“旋转降落改”动画、为第8张照片添加“方片转动”动画、为第9张照片添加“荡秋千”动画、为第10张照片添加“荡秋千Ⅱ”动画、为第11张照片添加“旋转伸缩”动画、为第12张照片添加“百叶窗”动画、为第13张照片添加“向右下降”动画、为第14张照片添加“碎块滑动Ⅱ”动画。

图 12-85　添加“向左下甩入”动画

图 12-86　选择“夹心饼干Ⅱ”动画

步骤 20 将时间指示器拖曳至第4张照片的开始位置，在“特效”功能区的“氛围”选项卡中，单击“星火炸开”特效中的“添加到轨道”按钮，如图12-87所示。

步骤 21 执行操作后，即可为第4张照片添加“星火炸开”特效，调整特效时长与照片时长一致，如图12-88所示。

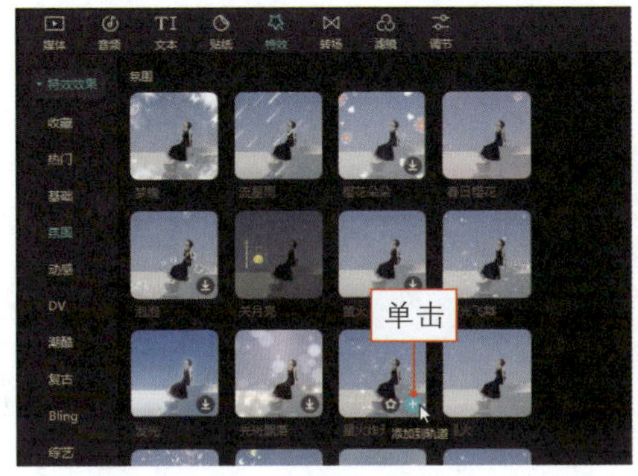

图 12-87 单击“添加到轨道”按钮（2）

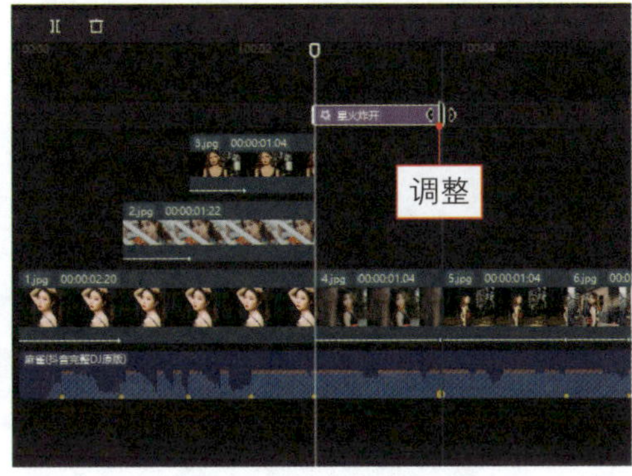

图 12-88 调整特效时长

步骤 22 执行操作后，为其他照片也添加“星火炸开”特效，并调整特效时长与对应照片的时长一致，如图12-89所示。

图 12-89 为其他照片添加“星火炸开”特效并调整特效时长